只工作、不上班的自主人生

人氣 podcast 製作人瓦基

打造夢幻工作的 14 個行動計畫

（莊勝翔）
瓦基——

著

人生最大的財富，是自主和自由

你心目中的「夢幻工作」是什麼模樣呢？錢多事少離家近，睡覺睡到自然醒？我心中的夢幻工作樣貌是，工作的時候充滿活力，可以決定做什麼和不做什麼；能持續發展別人難以取代的技能組合，創造出來與時俱進且不會被時間淘汰的價值。我的夢幻工作是兼具自由、專業、獲利和成就感的綜合體。

在打造夢幻工作這一段旅程中，了解到工作的真正意涵，體驗了落實理想人生之後的巨大改變。這段旅程是發自我靈魂最深處的吶喊，也是充滿人生意義和成就感的詩歌。我想透過這本書傳達一個重要的訊息：**打造夢幻工作不是一個虛幻的行銷術語，而是一個人一生當中最美好的自我實踐。**

我希望清楚記錄下這一切的開端，是什麼原因促使

我打造自己的夢幻工作？最重要的是，如何讓更多人擁有踏上這條路的勇氣、心態和技能？

有一句俗諺是這麼說的：「給一個人魚吃，不如給他釣竿。」我覺得這樣還不夠，最好還要教他如何釣魚。透過這本書，你可以學會打造自己的釣竿、選擇釣魚的海域、提升釣魚的技巧。而要釣的這條「魚」，就是我們心中的夢幻工作。

因此，我不會直接列出死板的執行步驟，而是先說明我遇到了什麼問題，為什麼這樣思考，如何依據自己的個性和專長量身訂做能夠發揮優勢的策略，並且採取有效的行動。最後，才是我選擇「做」什麼和「不做」什麼的原因。

簡單來說，這是一本關於思考、行動和選擇的故事。我相信，任何卓越的成果，都來自於**不凡的思考、平凡的行動、不甘於平凡的選擇**。如果我們想創造屬於自己的夢幻工作，這三個要素缺一不可。

「財富」包含人生許多面向

很多朋友看到我從半導體產業跨行成為一位說書人

的過程，他們最感到好奇的，就是這場轉變到底是怎麼發生的？為什麼在職場上已經小有成就的我，還需要重拾書本，甚至愛上閱讀？這一切的原因，其實源自於一個世俗的動機。

出於想要精進領導管理的技巧，在職場上步步高升；也想快一點學會投資理財的知識，盡快達成財務自由。我曾經深信，金錢和職位是衡量人生的重要指標。

但隨著工作和生活之間的嚴重失衡，我對自己原本的追求產生了動搖。我在領導管理和投資理財書籍之外，開始閱讀更多關於人生意義和個人成長的書籍。漸漸發現，所謂的「財富」不是只有金錢和職位，還包含了其他像是個人成就感、豐富的人際關係、難以量化的專業技能，以及對這個世界的影響力等。

一個穩健獲利的投資者，常常是懂得分散風險，把投資項目分散到不同類別的人，如同俗諺說：「雞蛋不要裝在同一個籃子裡。」對應到個人職涯和人生發展，也需要將重心分配到不同的領域——工作上培養多元技能、生活上擁有多元興趣、人際上照料自己在乎的關係。當我們的眼光放在長遠的人生財富，就會更懂得兼顧與調配每一種財富之間的關係。

追求財富自由是為了打造自主人生

我認為，現在許多人渴望財務自由，更深的背後動機是嚮往完全自主的人生。但其實，自主的人生不一定要等到財務自由之後才能開始，從現在就可以打造，而且永遠都不遲。

在商業世界中，最好的競爭往往是沒有競爭，也就是所謂的「藍海市場」。許多獨占企業會謊稱自己沒有獨占市場（像是 Google）；相反的，非獨占企業卻到處聲稱自己已經獨霸一方（像是一些當地特色餐廳）。競爭雖然有助於整體市場的進步，但不利於個人或公司的獲利。如果一個產業處於高度競爭的狀態，其中一家企業就算倒閉了，對這個世界也沒有什麼影響；其他大同小異的競爭者，永遠準備好取代它的位置。

對於個人職涯來說，當我們把眼光放在跟別人競爭，也只是做跟別人一樣的事情。而更具優勢的職涯策略則是，以真實的自己去解決某一個獨特的問題，做出某一項非我們不可的產品或服務。並非因為害怕競爭，而是不需要與別人競爭。在這個時候，我們才會擁有獨占的職場優勢，同時也擁有最高程度的職場自由。

當我們「活出真實的自己」，在財富方面，沒有人能夠左右我們的價值觀；在思考方面，沒有人能拖延我們思想的進步；在快樂方面，沒有人能阻止我們感到幸福。退出競爭，反而變得所向披靡。

閱讀是人生財富的複利效應

在生活和工作中，常有很多人能說出滿口的道理，但奇妙的是，他們看起來明明知道，卻不一定做得到。這正是因為「知道」和「做到」之間有一道巨大的鴻溝。

如果我們閱讀很多書籍，只為了知道裡面的知識，卻不曾身體力行去應用，那對自己並不會有實質幫助。當我們把書中所學的付諸實踐，去實驗對生活能帶來什麼改變，唯有如此，個人成長才會真的發生。

因此，在打造夢幻工作的這一條路上，我選擇透過大量閱讀之後的親身實踐，用自己的生命「活」出這個看似廣為人知的道理，卻鮮少人實際踏上的旅程。而我現在的成就，就是實踐每一本書之後的總和。

透過閱讀和實踐，我快速累積人生財富的各種面向。

我學到投資理財的真諦，依循資產配置的觀念投入

資金，穩健累積財務資產。我學到領導管理的技巧，在職場上順利晉升，帶領團隊披荊斬棘。我學到生活作息的重要，透過每一本書帶給我的微小改變，調整出最適合日常規律。我學到商業與創業的方法，發掘說書市場的痛點，持續創作和發揮影響力。我學到人生意義的省思，擺脫傳統的狹隘價值觀，經由不同角度去思索我在這個世界上的獨特價值。我學到最重要的一課，是閱讀能讓我成為一個截然不同的人。

閱讀，就是我的再造父母。

我們的身體機能有成長的限制，但心智思想的發展卻沒有限制。而心智就跟肌肉一樣，如果不常運用就會萎縮。身體就像電腦的硬體，要定期維護保養；心智就像電腦的軟體，可以透過學習和優化，持續更新它的活力和智慧。

閱讀，就像是心智的升級包，用來提升我們的思想。

我們可以透過閱讀，直接從全世界頂尖的專家身上學習，不必受限於身處的生活環境，也不必僅限於周遭親友與同事的視野。就像撰寫軟體程式語言一樣，我們不會只跟坐在隔壁的同事學，而是連上網路跟世界最新的資訊接軌。

閱讀，讓我們能不受時間、空間和環境的限制。

重點並不在於我們讀了多少本書，而在於我們如何讀它、如何用它、如何實踐它。閱讀可以是「無用」的消遣或精神的昇華，但它也可以是對我們人生「有用」的神兵利器。為了讓閱讀發揮它真正的效用，我們必須親身實踐，把作者的經驗和智慧體現到生活中，使自己產生實質的改變。

我撰寫這本書的內容，表面上看似講述我如何從科技業到創業的故事，但實則是我實踐無數本經典好書的奇幻旅程。當你在閱讀本書的時候千萬不要誤會，厲害的不是我，而是書中的智慧——人人皆可取用的智慧。

如同第三任美國總統湯瑪斯・傑佛遜（Thomas Jefferson）曾經說過．「當別人從我這裡得到想法，他有了指引，而我沒有損失；就像別人跟我借火點蠟燭，他有了光明，而我沒有變暗。」閱讀帶給我的所有美好，就像點燃了我蠟燭的火焰。

我想做的，就是繼續點燃自己的火焰，為世界帶來更多的光。

一本自我實踐指南

這本書的核心精神將圍繞著「**只要改變心態、掌握正確方法，每個人都可以走出自己的路**」。我想讓更多人了解，遵循標準教條和隨波逐流的職涯，並不是人生的唯一解，其實每個人都擁有創造精采人生的潛力。希望透過我的實踐經驗，提煉出這些對我有著巨大助益的智慧，以實用、可依循的架構呈現出來。

我想透過這本書提出一個融合心態設定、專業技能和商業思維的自我實踐指南。若是想在職場專業上闖出一番成就的人、想開創一項嶄新事業的人、想在正職之餘成功經營斜槓副業的人，應能從書中找到成長的軌跡和方法。這本書會以系統化的方式，說明每個步驟的思考脈絡和執行方法。書中的策略可以應用在生活中的各種層面，幫助你重新思考和打造自己的人生。

更令人期待的是，當我們將眼光放在人生的更多元面向時，我們會制定出更好的策略，建造難以被取代的優勢，掌握人生和職涯規劃的方向和自由。現有的條件並不是屏障，我們唯一的限制，只有看待這個世界運作的方式。這本書將幫助你突破限制。

目錄 Contents

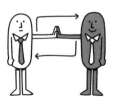

跳出線性職涯，
為自己創造工作和生活

　　當你走在錯的路上，生命總是會用各種方式提醒你，有時候也許是一場爭吵，就像是我女友對我下達的最後通牒。那天傍晚，屋外的天氣冷冽，屋內的氣氛更冷。

　　她表情嚴肅，語氣平淡地對我說：「你對生活都不做規劃，導致我的生活也總是因為你方寸大亂，我不想再這樣下去了。」

　　這是女友對我說過最重的話，在我聽來是一個相當嚴厲的指控。

　　「妳說什麼……？」

　　「你是真的不懂還是假裝不懂？」

　　「……」我語塞。

　　「我已經受不了這樣的生活，我想跟你分手。」她冷冷地說。

我靜默了。我聽得出這是哀莫大於心死的冷淡。或許，這一次是來真的了。

　　這句嚴厲的話，直接戳破了我的驕傲。而這份驕傲，源自於我對工作的癡迷。

　　我從台大應用力學研究所畢業之後，就直接進入台積電服研發替代役。從新鮮人開始，我就抱持著一種「工作至上」的兢兢業業態度，總是對每一次的任務和專案投入全力。我完全不在乎加班或犧牲假日和女友相處的時間，只想要爭取最好的表現，獲得最快的晉升加薪。這種使命必達的工作態度獲得了回報，我如願以優異的表現持續晉升。但是在這個過程當中，我逐漸失去了自我。我打從心底相信「一個人的職位和薪水高低，代表一個人的成就」。

　　自然而然地，當我表現得愈好，公司對我就有更多的期待，我心中又產生了更多使命感，加倍努力地奮力拚鬥。這個循環造成我始終把工作擺在首位。在當時，我沒有安排行程的習慣，也沒有規劃年度計畫的概念。反正老闆交代給我什麼，就全力以赴，有哪邊需要我支援，就不辭萬難相挺到底。在工作上，我幾乎不曾說「不」，我知道自己只要在工作上一直衝、一直衝，就會

有表現、能升官、賺很多錢。

　　如果工作與生活的其他事情衝突，我一定果斷選擇工作優先。朋友的邀約？可以改期。女友的約會？可以延後。出國的行程？可以取消。返鄉的安排？那得看最近的工作忙不忙碌。我堅信只要工作表現好，其他犧牲都是值得的。

被工作掌控的生活

　　實際上，儘管我對於工作很有一套，但是對於私人生活的規劃卻是一塌糊塗。

　　順利晉升主管職之後，我選擇從新竹台積電廠區轉職到台南台積電廠區，想要挑戰新的職涯可能性。台南預計興建的是最新的五奈米晶圓工廠，全公司各路好手都準備在這邊大展身手，說白話一點就是，新廠的晉升機會比較多。

　　我當然不想錯過這個千載難逢的機會，在尚未與主管、女友和家人商量之下，我直接答應了新廠轉職的邀請，而且敲定了轉職的時間和後續安排。我當時覺得這樣「先斬後奏」也沒什麼大不了，畢竟工作就是第一優

先，對一個有抱負、有衝勁的人來說，接受新的工作挑戰，也是很合理的吧？

在答應轉職之後的第三天，我才想起來要告訴女友這件事情（事後回想覺得真的很誇張）。

她聽到之後感到一陣錯愕，不能諒解地對我拋出各種質問：「你竟然沒有跟我商量就決定這麼大的事情。」「新竹和台南是遠距耶！」「剛搬到的新住處該怎麼辦？」「分隔兩地的情況會持續多久，你未來的計畫是什麼？」但當時我回答的態度就是一副「因為是工作的考量，而且我已經決定好了，妳必須支持」的姿態。計畫？哪有什麼計畫，只要我能在工作上有最好的表現、爭取到最好的機會就好了。

在之後等待轉職的日子當中，因為兩人的理念不合，我跟她的關係持續降溫探底。她心中規劃的是「兩個人」的安排，而我心中卻只有我「一個人」的安排。我當時的確沒有長遠的計畫，也沒有固定的生活規律，一心只以工作為重。

這個醞釀中的冷衝突，終於迎來了壓倒駱駝的最後一根稻草。

那原本是一個普通的星期四，主管在早上邀請全部

門同事當天傍晚一起去 KTV 歡唱，慶祝他晉升到了一個更高的職位。我毫不猶豫地答應了，畢竟這麼開心的場合，怎麼能不到場同樂呢？直到接近下班時間我才驚覺，今天傍晚原定是跟女友一起去餐廳用餐！而我當下怎麼做呢？我先打電話去取消餐廳的訂位，然後才打給女友告訴她：「抱歉，晚上要幫老闆慶祝，所以餐廳的預約我先取消了，改天再去吧。」電話的那頭是無聲靜默，好幾秒後她才冷冷地回道：「知道了。」

晚上，結束了 KTV 狂歡之後，我回到住處。見到我一進門，她在客廳對我說出這段話：「你對生活都不做規劃，導致我的生活也總是因為你方寸大亂，我不想再這樣下去了。」

「我已經受不了這樣的生活，我想跟你分手。」

當天，我沒有回嘴。我壓抑著內心的憤怒、愧疚、埋怨和自以為是的情緒，一方面氣她為什麼不能諒解，另一方面也氣自己的作為有多麼渾球。有一個自我質疑的念頭開始浮現出來：「在親友的眼中，我是人生勝利組，被弟妹們當成榜樣。但實際上，我除了對工作很有想法，對自己的生活態度卻是毫無目標、毫無章法。我到底為了工作，把自己變成了一個什麼樣的人？」

這場情侶關係的危機，讓我開始思考生命與工作的意義，更改變了我的整個職涯跑道。

放棄高薪工作但我過得更好

2021 年的年底，我正式向別人眼中的夢幻工作道別，卸下了台積電主管的職位，全職投入我自己的夢幻工作：一位自由自在的說書人。

從此之後，我的一天變得跟以往截然不同。

早上醒來，簡單梳洗之後泡一杯熱拿鐵咖啡，坐到位置上開始閱讀。閱畢，闔上書本，在鍵盤上胡亂打字，試圖回憶剛剛書中的重點。接近中午，從冰箱取出食材，烹飪我最喜歡的田園雞胸義大利麵。

下午打個盹後，接著收 Email 處理雜務。收到讀者寄來的感謝信，內心一陣澎湃和感動。收到商業合作邀約，如果有興趣，我就欣然接受；對大部分沒興趣的邀約就果斷拒絕。我可以決定自己的合作對象和合作方式，沒有人會強迫我一定要接受或不接受合作。

五點過後是我的運動時間，我在社區健身房戴著耳機收聽 Podcast，同時跑步揮灑汗水。傍晚通常煮一碗什

錦湯麵，看著時下最流行的美劇度過用餐時間。晚餐後，偶爾進行說書頻道的錄音，偶爾做筆記或寫文章。一整天下來，我的手機不曾響過，就算有響，也是打來推銷信貸和車貸的電話。

假日的時候，如果我想要多做一點事，心裡也覺得甘之如飴，因為我做的是自己全心喜歡的事。我想的是如何多利用一點時間，把頻道做得更好，創作更多的內容，幫助到更多的讀者。至於其他的休閒時間，我有更多的空檔用來跟自己對話，跟女友和朋友相處。我可以選擇什麼時候返鄉回老家，不用受限於上班族既定的假日，或遷就專案任務來安排時間。

這種新的生活型態，是我以前難以想像的。

我以前很害怕在下班時間接到公司電話，只要手機鈴聲一響，肯定沒什麼好事。上班時間一直接電話則是常態，因為永遠有做不完的事。如果是假日接到電話，要嘛加班處理事情，要嘛緊急加入線上戰情。雖然我不喜歡開會，可是偏偏公司的會議一大堆，尤其是參加大型會議時經常會聽到恍神。在工廠生產線時常會遇到突發狀況，留下來加班處理事情也成了家常便飯，偶爾成行的宵夜團是下班後僅有的樂趣。為了安排假期，我必須跟同事提前協

調，要考量任務的緊迫程度，也要顧及主管們的觀感。

別人眼中的夢幻工作，在我的眼中並不夢幻，因為我的「生活方式」必須完全圍繞著「工作型態」來打轉。

而在我眼中的夢幻工作，是「工作型態」圍繞著自己「理想的生活方式」來進行。

自從 2018 年女友控訴我對工作已經走火入魔之後，我不斷質問自己：「這麼努力工作，到底是在追求什麼？」漸漸地，我發現自己追逐的是一個虛幻的目標，是更高的地位、更大的權力、更多的金錢。我開始懷疑，就算我追到了又怎樣？我會因此而滿足嗎？我犧牲的一切值得嗎？

這個時候，有一個念頭逐漸清晰了起來：我不想再當一隻漫無目標只會追著公車奔跑的小狗，我想當自己人生的主人。

我想挽回她，我想挽回我的人生。

因此，我開始廣泛閱讀書籍，一步一步改變自己的舊觀念，打造一個嶄新且截然不同的自我。我試著用「子彈筆記」來主動規劃工作和生活，我使用「商業模式圖」來設計心中理想的工作模式和生活型態。

2018 年 11 月，我開始在寫作平台 Medium 上面撰寫讀書筆記，為了記錄自己閱讀每本書籍之後的想法和收

穩，我會花費兩到三週的時間，細心彙整每一本書的金句良言，並針對書中讓我有所啟發的部分進行更深入的討論。在我發表了十多篇文章之後，開始有讀者透過留言讓我知道，這些心得文章對他們帶來的幫助。

「原來還可以用這種觀點來讀這本書。」

「謝謝你的整理，讓我就像重新複習了這本書。」

「我也有相同的困擾，謝謝你介紹了這本書，我一定會去找來讀。」

這些留言令我感到十分驚喜，沒想到我「公開分享」閱讀筆記這個簡單的動作，除了幫我加深記憶、改善生活、累積知識之外，竟然可以幫到網路上素未謀面的讀者。循著這份利己利他的動力，我開始更認真、更持續地撰寫每一篇閱讀筆記。

一邊上班，一邊開始打造夢幻工作

2019 年的時候，世界各地的製造業掀起了一波「數位轉型」的風潮（例如台積電、鴻海等），我在公司負責的工作剛好是工廠的軟體系統專案，需要替工廠架設大量的網站和自動化系統。當時已經擔任主管職的我，主

要工作就是管理團隊，指派成員去執行專案，自己幾乎沒有動手實做的機會。我看成員忙著設計新的介面、討論新的功能、研究新的網站和程式技術，內心感到心癢難耐。因此，我突發奇想：「既然我對數位、網路和系統的領域這麼感興趣，何不自己架一個部落格？」

於是，我開始利用下班和假日的時間，學習和架設自己的書評部落格「閱讀前哨站」，在 2019 年 6 月正式上架之後，我就把所有的舊文章搬遷過去，改在我的部落格上面寫作。同一個時間，我也成立了 Facebook 粉專和一份每週寄送的電子報，並且開始把我的讀書心得文章也分享到許多閱讀同好的社團裡面。我以穩定和持續的頻率，每週發表一篇文章，開始吸引愈來愈多的讀者追蹤。接著，有許多讀者告訴我，希望透過聲音的方式聽我說讀書心得，我也鼓起勇氣創立了「下一本讀什麼」Podcast 說書頻道，讓原本的閱讀筆記透過聲音的形式，接觸到更多讀者。

我透過大量閱讀（涵蓋書籍、網路文章、教學影片）改善了自己的生活態度和習慣，提升了在公司領導團隊的專業能力，並且將學到的商業模式和社群經營技巧，逐項套用在自己的說書事業上。

2020 年 12 月，我開始經營部落格的一年半後，網站的瀏覽量突破 100 萬次瀏覽，文章也開始被轉載到《關鍵評論網》、《經理人》與《商業周刊》等媒體網站上。2021 年 5 月，開始錄製 Podcast 的八個月後，總收聽量突破 100 萬次下載，直到現在，成為了最受歡迎和成長最快的說書頻道之一。

自從我重新找到工作和生活的平衡，開始學習怎麼安排自己的優先次序，並持續朝向心中嚮往的工作型態邁進時，奇妙的事情發生了。我在公司的工作表現不降反升，自媒體的說書事業持續成長，與女友的關係也增溫甚於以往。

我終於領悟到：**這個世界不是只有一種生活和工作的方式。**

我變得更重視自由和自己的貢獻，而不是職位和薪資。我變得更關注內心的嚮往，而不是別人的期待。我透過成長的飛輪（圖 1）一直前進：擬定目標、採取行動、實驗試誤、持續改善。漸漸地，原本的斜槓興趣變成了一個能夠獲利的商業模式，一個嶄新的副業型態儼然成形。

經過這段旅程，我達成一項始料未及的成就——走出自己的路，打造出自己的夢幻工作。

自主，意味對人生負起全責

接著，我開始認真思考從台積電「離職」這個選項，試圖在工作和生活當中，取得更多的自由和自主。在經過了將近一年漫長的省思，與伴侶和家人的充分溝通，仔細衡量各方條件之後，我終於克服內心的百般掙扎，下定決心。

2021 年 9 月，我在本業和副業之間做出抉擇，選擇了「鮮少人走過的那條路」，從年薪百萬的科技業離職，投入當一位全職說書人。我終於明白自己能夠貢獻給世界的獨特價值，而且我運用這個價值，打造出自己心中理想的生活和工作型態。

新的工作型態——我的夢幻工作——給予我高度的自由，讓我擁有充分的使命感，以及不亞於以往的總薪酬。但伴隨而來的，是更嚴苛的自律要求、做出決定的壓力，還有不像以往穩定的收入金流。

以前的我不需要擔心工作的時程，公司會幫我安排好上下班時間。現在的我要對自己的時程負責，保持自律的生活，維繫創作和休息的平衡。

以前的我不需要擔心任務的抉擇，公司會要求我執

行哪些任務。現在的我要對自己的抉擇負責，我得自己
決定哪些事情重要、哪些合作夥伴值得信賴。

以前的我不需要擔心財務的收支，公司會穩定支付
我可觀的薪酬。現在的我要對自己的收支負責，我必須
管控自己的開銷，選擇賺哪些錢、不賺哪些錢。

現在的我不一定比較輕鬆，但是能做出自由的選
擇，就令我感到心滿意足。

自主的代價是責任，自主就是一個人對自己負責任
的極致展現。如果我們想尋求更多的自主，長期來說，
最可靠的方法就是承擔更多責任。對自己的人生負起完
全的責任。

**願意起身探索、試圖打造夢幻工作的人，就是對自
己興趣、專業和嚮往的生活型態，負起完全責任的人。**
這種負責，是勇敢認識自己的真正渴望，而不是追尋世
俗的期望；是透過實際行動去實驗、嘗試、回顧和改善，
而不是坐在場邊悶悶不樂；是相信我們可以樂於工作，
但不會疲於上班；是邁向自主規劃的人生航道，而不是
放任自己隨波逐流。

請抓穩，我們要啟航了。

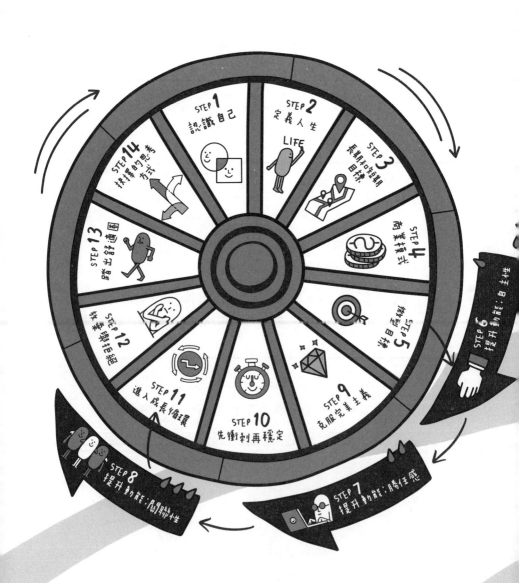

圖 1　瓦基的成長飛輪

畫出專屬你的人生地圖

── 從自己出發

我是一個來自台灣後山——台東——的小孩,父親是教師,母親是公務員,還有一個經常跟我打鬧的妹妹。

十八歲之前,我都在台東成長和求學,從小因為喜歡繪畫,國小和國中都在美術班。我不喜歡按照老師的規則去畫圖,常常天馬行空畫一些奇怪的主題、嘗試不同的繪畫技法。在學期間,我總是喜歡帶頭調皮搗蛋,中午還時常被老師叫去罰站。我在課業表現上看似「乖乖牌」,可是內心的創造力和叛逆總是蠢蠢欲動。

高中的時候,我對科學很感興趣,參加了科學研究社,經常動手做一些古怪的實驗,參加各種科學競賽。高三的時候面臨大學選系,我的父親是電機老師,自然希望我選擇走電機方面的領域。我出於叛逆不想走跟父親一樣的路,選擇了未來有可能研發出鋼彈的機械系。

按照標準的升學制度,我考取了中央大學機械系,大一都在玩線上遊戲「魔獸世界」,同時參加一些系上活動,發揮自己的美術專長協助製作各種美工道具。直到有一次,同樣來自台東的學長告訴我,如果大二之後成績很好,就有機會用推甄的方式進入研究所,大四的生活就會很輕鬆。有了這個目標之後,我才開始發憤圖強專注於課業,拚了好幾個書卷獎,最後如願透過推甄的

方式進入台大應用力學研究所。

　　就讀研究所的我，對於未來的就業環境感到很迷惘，雖然專攻相關領域的學長姐，大多進入汽車和造船產業，但我發現自己的性格似乎不適合傳統產業，可是我對於畢業後的工作也沒有什麼想法。當年有所謂的「研發替代役」，也就是可以選擇畢業後進入一家科技公司工作三年，折抵一年兵役的服役方式。這個方式的好處是跳過一年的軍旅生活，直接踏入職場。但缺點是可能會挑到一家爛公司，那就得在裡面熬滿三年才能退伍，換公司。因此，我的求職策略變得很單純，既然還不清楚自己喜歡什麼工作，那就先挑一家有口碑且薪資待遇不差的大公司，這樣踩雷的機率應該會降低。

　　我當時只申請台積電一家公司的職缺，如果沒有錄取就直接去當兵。你可能很難想像，當時的我連台積電具體在做什麼都不清楚，只知道這是一家台灣最厲害的半導體公司。二十五歲，我進入了新竹台積電，被分配到一個全新的部門，做的是機台和軟體的整合開發。這個單位服務的對象是晶圓工廠端的夥伴，工廠的單位就是我們的客戶。

　　我當時的價值觀十分狹隘，認為一個人的薪資和職

位，代表了一個人的成就，一心只想要在工作中發揮最好的表現，盡快獲得升遷。隨後我萌生了內部轉職的念頭，為了進一步拓展自己的職涯跑道，爭取更大的升遷機會，我加入當時最新技術五奈米工廠的建廠計畫，開始了另一段追逐的旅程。

從我成長就學一路到職場老鳥，這段歷程雖然不短，但我對自己的認識卻一直停留在，「一位標準理工組出身的科技業員工」。追逐成績、追逐表現、追逐名利，一切的努力似乎就是為了在別人眼中看起來「很成功」。每當我對工作感到煩悶、無聊和無奈，這種外在的成就感和薪資的數字就像一劑麻藥，注射一針就能麻痺所有的不悅。

雖然我隱約之中有察覺到，自己來到了一個沒那麼喜歡的地方，但是又說不出來到底哪裡不對勁。我開始質疑自己，我到底對人生有什麼不滿？

如果不去面對心中的不滿，很有可能會蠶食掉我對工作和生活的熱情，於是我選擇進一步對自己叩問：那我到底想要怎樣的人生？

透過幾個簡單的問題，我開始對未來有更完整的想像和願景，開始認識自己到底是怎樣的人、具備哪些能

力，而我又想用這些能力做什麼事情，也就是我接下來要分享的問題和步驟。雖然前方看似混沌不明，但至少先勇敢跨出第一步，霧就會慢慢散去。

你喜歡的事　　你擅長的事

你的夢幻工作

找出擅長
又喜歡的事

認識自己

夢幻工作很少是透過傳統求職方式得來的，它們更多是被「創造」出來、而不是「找」到的。要有這樣的創造，需要很深入的自我認識。

　　　　　　　——《一個人的獲利模式》（*Business Model You*）

• • • •

　　「現在的生活和工作是我想要的嗎？」我當時一直被這個問題困擾著，而令我感到沮喪的是，我真的不知道⋯⋯這到底是不是我想要的生活。

　　我愈來愈懂得做簡報和口頭報告，但我更喜歡 TED 演講的俐落扼要，可是那一套在公司裡行不通。我擅長撰寫和開發軟體程式，甚至獲得了許多傑出表現，誠實面對自己時，又覺得寫程式並不是我想做一輩子的事。我以全心投入工作為榮，每當我犧牲其他事情來換取工作上的成就感時，心中不免升起一股優越感，但當夜深人靜時，我又隱隱覺得自己有一些不對勁。對於工作，我既擅長，又抗拒；既熟練，又退縮；既投入，又抽離。

直到很久之後我才終於明白，原來是自己一直任憑環境推著我前進，很少正視那個埋藏在心中的自我，缺乏自我認識時，只能盲從、隨波逐流，最終發現自己來到了一個不喜歡的地方。

用對方式才能確實認識自己

　　我曾經很羨慕那些認識自己的人，甚至覺得能夠透澈了解自己是很偉大的個人成就。一直以來，我以為「認識自己」是一個大哉問，是要用一輩子的時間去慢慢回答的問題。後來我才發現，我們只是用錯了方法在面對這個問題。

　　一位朋友的弟弟，他曾去參加「探索自我」實體工作坊，是由一群碩士班研究生主辦的活動。在活動之後，他私下跟我們說他的收穫不大，因為他沒辦法透過這個活動對認識自己有什麼實質的進展，當然也沒有成功探索自己。我跟朋友好奇地追問。

　　他展示了活動當天拍攝的一些投影片照片，許多投影片上只列出一個問題，然後就請台下的學員在空白紙上開始作答。這些問題如「你的夢想是什麼」、「你想要

的人生方向是什麼」、「你的優勢有哪些」、「你想培養哪些專長」、「你希望自己的職涯如何發展」。

　　他看到這些問題只覺得「腦袋一片空白」，最後只好胡亂寫了一些答案上去。而且這一連串的問題也令他十分灰心，他覺得自己真的很不了解自己，似乎沒有什麼夢想和方向，對於未來的想像反而更模糊了。

　　其實，這些問題都是「大哉問」，是完全開放式的問題。雖然答題的範圍不受任何限制，但是當一個「本來就不夠認識自己」的人看到這種題目，腦袋簡直像是被敲了一記悶棍。就算想破頭也想不出答案，還會對自己回答不出來的尷尬感到萬分沮喪。這種問題就像是有人已經找不到鑰匙，你還一直問他：「你的鑰匙在哪裡？」

　　說真的，要是寫得出答案，誰會想交白卷啊？不過，我發現這才是絕大多數人的常態。

　　我的人生前半場都是照著他人的期待和社會價值而活，對自我認識的程度非常淺薄，我認為標準的職涯道路就是最適合我的，可能一路升遷成為一名科技業主管。如果缺乏適當的指引，我也難以了解自己真正喜歡的，是什麼模樣的自己。

　　我們缺乏一個良好的引導，就像是要協助找不到鑰

匙的人，就必須透過具體又明確的引導式問題，來幫助他逐漸發掘記憶裡不小心遺失的拼圖，例如「你最後一次看到鑰匙出現在什麼地方」、「你在哪個時間點發現自己的鑰匙不見的」、「在這個時間點之前你曾經去過哪些地方」，同樣的，認識自己也需要具體的引導和提問。

一開始我也沒有方向，索性在網路用「轉職」等關鍵字搜尋相關的資料，心想著無論在公司內部轉職，或任何其他的轉職機會，至少都能讓我轉換一下心境，嘗試看看其他不同的可能。很幸運的，我找到了一本被許多讀者推崇讚譽的書《一個人的獲利模式》。與這本書的相遇，是我職涯的轉捩點，我對於自己的看法、工作的看法，甚至我的世界觀都因此被翻轉。

這本書就像是一個虛擬工作坊，有世界各地的實際案例，加上職涯專家的指點，歸納出「商業模式圖」這套視覺化的工具。我試著寫自己的商業模式圖，對工作進行反思、規劃，最後設計出第一版屬於我個人的職涯模式。比起大哉問的「開放式問題」，當我透過書中具體的「引導型問題」，反而更容易認識真實的自己。

認識自己第一步：重新回想兒時的興趣

　　孩子總是知道自己喜歡什麼、跟誰在一起開心、不喜歡哪些食物，即使他還不知道該如何用言語表達，但總會以各種行為來表示自己的好惡。可是長大之後，那些清楚的好惡愈來愈模糊，因為別人或環境的聲音會告訴我們什麼比較好，我們聽從世界對我們的期待，而不是傾聽自己內心的聲音，於是漸漸放棄了兒時的興趣，轉身去做那些別人眼中成功的事情。

　　也許很多事情已經不復記憶，但可以試著回答這三個問題，找出自己的「核心興趣」。

問題一：二十歲之前，你最熱愛什麼事情？

　　在思考這個問題時，我發現若是對感興趣的領域，我總是全力以赴爭取最好表現，像是玩遊戲、學舞蹈、寫程式等，我會盡一切努力讓自己成為頂尖。第一次學國標舞時，我為了想把國標舞學好，看遍過去十年國際頂尖選手的比賽影片，讓自己完全融入國標舞的情境和感覺。在課堂上，只要一遇到不會的，就纏著學長姐們問東問西；課堂外，我會找基本步教學影片，把老師教

的反覆練習，花時間在鏡子前練步子。

興趣和熱情的差別在於，興趣指涉某件事物，但熱情能使興趣變得更深入、更持久。國標舞是我的興趣，若要進一步問什麼是我的熱情，我發現我的熱情不限於特定事物，而是精進、熟練一項事物的感覺。我喜歡快速掌握一件事情，並且透過勤奮努力變得更傑出。

問題二：你做哪些事情時，總是樂在其中？

回想小時候，我發現這兩種時候總是讓我精力充沛、樂在其中：

- **教別人**：我喜歡教別人，無論自己的程度高低，都願意鼓起勇氣教別人。因為我相信「教學是最好的學習」，我在教別人如何運球、如何做好舞蹈姿勢、如何撰寫程式的過程當中發現，自己反而學得更快、更好。

- **玩遊戲**：我喜歡玩遊戲，無論是電腦遊戲，或是卡牌類型的桌上遊戲，我都會迫切地想要搞懂全部的遊戲機制，掌握制敵的策略。我對遊戲的種類沒有特定偏好，但我知道好勝心是驅動我全心投入一項遊戲的關鍵。

問題三：你在做哪些事情時，感覺時間飛快流逝？

當我在「創造」新事物的時候，特別是以下三件事情，會令我感覺時間一眨眼就過了：

- 繪畫和做美工的時候。
- 撰寫程式碼，打造一個全新功能的時候。
- 撰寫讀書筆記的時候。

做這些事情常讓我進入「心流」的體驗。心流指的是一種特殊的精神狀態，當我們把專注力發揮到極致的時候，會感受到一股「渾然忘我」甚至沒有感覺到時間流逝的體驗。我們進入心流體驗的時間愈多，愈能提升自己的幸福感，加深對目標的堅持，擁有更積極的心態。

綜合以上三個問題的答案，我了解到自己的核心興趣是：

- 由好勝心驅動的傑出表現。
- 利人利己的教學熱忱。
- 創造新事物時的心流體驗。

認識自己第二步：從角色身分找出職涯方向

重新找到小時候的興趣後，我從《一個人的獲利模式》書中學到一套有效的方法，透過自己當前的身分角色，發現最令我們受到鼓舞、感到活力與價值的事情，進而找出真心嚮往的職涯方向。

首先，準備十張空白的「便利貼」，在便利貼的頂端各寫下一個目前的角色身分。然後問自己「這個身分最鼓舞我的是什麼」、「我在扮演這個身分時，感到最有活力和價值的事情是什麼」，將答案列點寫在每一張便利貼的身分下方。

寫完十張便利貼之後，替所有角色排列出一個優先順序。我會問自己「哪一個身分對我最重要」、「哪個身分其次」，依此類推把十個身分排序出來。

最後，瀏覽全部的便利貼，找出三個身分下方所列出且有重複的項目，那是最能鼓舞我們的事，並寫在第十一張空白的便利貼上。這張便利貼所列出的三個共通點，就是我們要追尋和打造夢幻工作的重點。

以我自己為例，我從第一名到第十名的角色排序是：男友、主管、讀者、作家、兒子、國標舞者、家庭主

廚、朋友、哥哥、員工。在尋找共通點時，我會盡可能挑選那些「對別人也會有幫助」的項目。

身為男友，我感受到愛人與被愛、感恩與尊重；身為兒子，我讓父母感到光榮和安心，這些雖然都很重要，但是屬於與別人之間的「關係維繫」，比較難用來當成職涯方向或工作重點，因此我不會挑選這類的項目。

我挑選出來的三個共通點，主要著重在對別人也有幫助的事情。因此，我先選出具備這條件的三個身分：

- **主管**：值得下屬追隨的楷模、凝聚團隊的向心力、教導我的下屬、共同面對挑戰。
- **作家**：分享自己的觀點、記錄自己的學習做為模範、貢獻我的所長給更多人。
- **國標舞者**：教學與指導別人、更認識自己與舞伴的互動、展現自己對舞蹈的詮釋。

再從這些身分下方會令我感到活力的事中，找出出現最多次的共通點：成為模範榜樣、貢獻所長和教學相長、與別人分享自己的觀點。這三件事令我充滿活力，而且同時也能幫助到別人，而這某程度也代表我渴望追求的方向。

圖2 瓦基選出的三個身分和三個共通點

主管
- 值得下屬追隨的楷模
- 凝聚團隊的向心力
- 教導我的下屬
- 共同面對挑戰

作家
- 分享自己的觀點
- 記錄自己的學習做為模範
- 貢獻我的所長給更多人

國標舞者
- 教學與指導別人
- 更認識自己與舞伴的互動
- 展現自己對舞蹈的詮釋

共通點
- 成為模範榜樣
- 貢獻所長和教學相長
- 分享自己觀點

認識自己第三步：喜歡且擅長的事

　　我們可能喜歡某件事情，但不見得擅長；也可能很擅長某件事情，但不見得喜歡。就像我很喜歡在一個人開車通勤時，跟著哼唱音響播放出來的鄉村音樂，但我知道這只是用來打發時間的娛樂，並不是我想要登上舞台發光發熱的職涯技能。另一種情況像是，我小時候很擅長教同學英文，但長大後卻不太喜歡教別人英文，因為我認為語言是在生活中養成的習慣，而不是透過刻意學習的技能。

　　當我們喜歡和擅長的事情之間沒有交集，就很難將它們發展成一個長期的職涯策略。然而，那些能夠長期在職場和人生發光發熱的人，在做的其實是他們喜歡又擅長的事情。接下來，我們就要透過描繪自己的「生命歷程」，來幫我們有效找出自己「喜歡且擅長」的事。

步驟一：列出令你印象深刻的人生大事

　　首先試著回憶自己人生中「得意」和「失意」，至今仍令我們記憶鮮明的重大事件，事件可以涵蓋工作、社交、愛情、學業等各方面，曾經發生的所有好事與壞

事。然後感受這件事帶給你是正面還是負面的影響，下一頁圖 3 縱軸代表影響的程度（好的在上，壞的在下），橫軸則代表時間軸，請依序在紙上標注出 15 至 20 個事件。

接著，嘗試對每個事件寫下一兩句簡單描述，說明是什麼關鍵因素令你感到正面或負面的情緒。

步驟二：找出得意的事，是因為哪些專長與能力

然後圈選出生命歷程圖上所有「正面」的事（橫軸以上的事），對照下一頁圖 4 的「專長與能力表」找出適合描述這些事件的項目，「單一事件」可以複選「多個項目」，並在項目後方用「正字記號」進行加總。填寫這張表格有一個訣竅，那就是「我是因為擅長什麼，所以對這件事情感到得意」。

舉個例子來說，假設我們和同事一起參加全公司性的專案報告競賽，大家表現突出獲得佳績，我們要思考的是，我對這事情之所以感到得意，是因為自己擅長的哪件事？

如果是因為把 PowerPoint 簡報製作得非常精美，進而幫助團隊獲獎，那在「專長與能力表」上就挑選「藝術創作」和「創意發想」。

如果是因為自己傑出的表達能力，幫團隊在口頭發表時獲得高分，那就挑選「公開演說」和「說服或影響他人」。

　　如果是因為高超的資料整理能力，將簡報的脈絡和圖表呈現得清清楚楚，那我們就挑選「資料處理」、「分析」和「闡述問題」。

　　看著所有被標記出來的項目，不管總數有多少，先選出五個喜歡的項目，特別是那些儘管還不擅長，但願意在未來多花時間在上頭的項目，這些就是我們「喜歡」的能力。

　　再計算每一個項目後面的正字分數，分數最高的前五名，就是我們「擅長」的能力。最後，從喜歡的項目和擅長的項目中選出重複的項目，這些就是我們「喜歡且擅長」的事。

　　以我自己為例，「加入新成立的開發團隊」這個事件，能夠讓我發揮程式設計的長才，開創新技術替公司節省成本，學會妥善利用資源來完成任務。對應到「專長與能力表」，我就選擇了「程式編寫」、「參加研討會」和「解決問題」。「帶團隊支援緊急專案」這個事件，我必須領導團隊在短時間內開發出新型儀器，在陌生的環

圖 3 瓦基的生命歷程圖

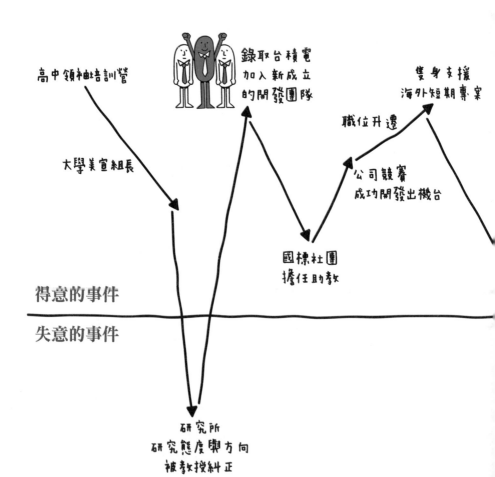

高中領袖培訓營

錄取台積電
加入新成立
的開發團隊

雙身支援
海外短期專案

大學美宣組長

職位升遷

公司競賽
成功開發出機台

國標社團
擔任助教

得意的事件

失意的事件

研究所
研究態度與方向
被教授糾正

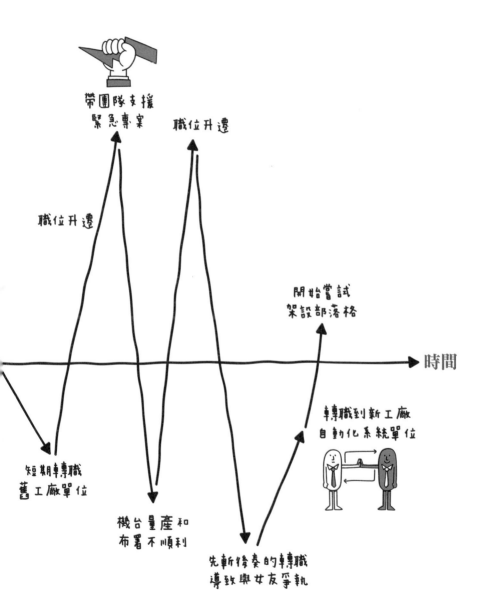

帶團隊支援
緊急專案

職位升遷

職位升遷

開始嘗試
架設部落格

時間

短期轉職
舊工廠單位

機台量產 和
布署 不順利

轉職到新工廠
自動化系統單位

先斬後奏的轉職
導致與女友爭執

圖 4　瓦基的專長與能力表

會計工作		廣告宣傳		分析	
稽核查帳		藝術創作	丁	從事獨立研究	一
資料處理		概念化		闡述問題	
計數運算		創作藝術品或出版品		診斷	
存貨處理		創意發想	丁	參加科學競賽或研討	一
辦公室管理		建築或家具設計		調查研究	
機械操作		改編小說戲劇		實驗室工作	
程式編寫	ﾄ丁	編輯		閱讀科技或科學出版品	
採購		音樂或舞蹈表演	一	解決科技或科學問題	丅
記錄繕寫		進修藝術相關課程		鑽研專門主題	一
祕書事務		攝影		進修科學課程	
進修商業課程		寫作／出版	ﾄ一	撰寫或編輯科技文章	

組裝		參加或舉辦活動		討論／論辯	
建築		加入社團	下	發起行動	
照護動物		照護孩童和長者		領導眾人	⊢正
駕駛車輛		協調	下	談判	
維修電器／機械		心理諮商		參與政治活動	
維修物品		同理心		說服或影響他人	⊢下
排程		招待		推廣	
研究探勘		面談		經營自有事業	
參加職業訓練		交朋友	正	銷售	
設備疑難排解		參加宗教服務		公開演說	下
使用工具或重型設備		講授、指導	⊢正	督導／管理他人	正
戶外工作	一	擔任志工		進修管理課程	

資料來源：《一個人的獲利模式》

境協調不同組織互相合作，透過實際數據取得客戶的信任。對應到表格上我就選擇了「協調」、「領導眾人」、「管理他人」和「說服或影響他人」。而在比較近期的「開始嘗試架設部落格」事件，我能發揮藝術創作的長才把部落格弄得漂漂亮亮，我透過寫作來發表讀書心得，並實踐自己從書中學到的事。對應到表格上我就選擇了「藝術創作」和「寫作」。

在所有畫上正字記號的項目中，我喜歡的五個項目是：領導眾人、說服或影響他人、講授和指導、程式編寫、寫作和創作。正字記號分數最高的、我擅長的五個項目是：領導眾人、管理他人、講授和指導、交朋友、說服或影響他人。我真正喜歡又擅長的三個項目就是：領導眾人、說服或影響他人、講授和指導。

隨著我後來愈來愈投入部落格，我發現了「寫作」這件事情，竟然能同時支持我喜歡且擅長的三個項目。這也是我在後面的 Step7 中，把寫作當成主要學習目標的原因。

做能讓自己充滿活力的事情

　　美國作家霍華德・舒曼（Howard Thurman）曾說過一句很有意思的話：「別問這世界需要什麼，要問你自己，有什麼事能讓你充滿生命力，然後就去做吧！因為這世界需要的正是充滿生命力的人。」雖然整個世界帶給我們的感覺好像是大環境愈來愈差、經濟成長跟生活感受脫鉤、房價愈來愈高、薪資卻一直很低、大眾的價值觀愈來愈兩極、媒體和網路暴戾的雜音充斥周遭，我們可以做些什麼去改變它呢？**找到可以讓自己充滿生命力的事情，並動手去做，就是這個世界最需要的人。**

　　我因為體悟到了閱讀帶給我的巨大改變，因此想把這份收穫持續分享給更多的人。在做這件事情的時候，無論是閱讀、寫作、錄音、經營網站和社群，都令我感到活力十足。我每天起床的第一個念頭就是自己能為這個理念做得更多，影響更多的人。我想，這個世界需要一個充滿活力的我，而不是一個死氣沉沉的工作者。

　　我們可以回想看看自己對於職涯的選擇，究竟是出於自己的喜好，還是依據別人的期待而定？特別是面臨重大的職涯抉擇時，我們的家人、朋友和師長給予我們

的意見，通常是出自於「安全」、「穩定」和「薪資」的考量，而我們自己也會有「面子」的考量，很容易受到別人期待影響，也渴望自己獲得社會的認同，如此之下，不小心忽視了自己內在的渴望。

透過具體的問題和練習步驟，就可以在大腦外看見過去的點點滴滴，發現那些讓自己感到有樂趣、有熱忱的事情，加深對自己的認識。

所謂的「認識自己」和「探索自我」，並不是一件自我中心的事情，而是要發現「做什麼事情令我們感覺有活力」。當我們在做這件事情的時候，正好也成為了這個世界需要的人。

認識自己的最主要目標，就是讓我們的「人生目標」和「職涯抱負」更協調且一致。透過認識自己，找出基於我們的核心興趣、共通特質、喜歡又擅長去做的事。

1. 回想你小時候喜歡什麼樣的事情，找到你的核心興趣。
2. 從你目前擔任的角色中，挑選三個令你開心又對別人有幫助的身分，從身分下方的項目找出重複出現的共通點。
3. 透過你的生命歷程和「專長與能力表」，找出既喜歡又擅長的事情。

你想要怎樣的人生?

你是誰?

成為什麼
比做什麼重要

定義人生

有些鳥兒是永遠關不住的，因為牠們的每一片羽翼上都沾滿了自由的光輝。總有些人，他們一輩子注定要活到極限，一輩子都想觸碰自己能力的邊界。

——電影「刺激 1995」(The Shawshank Redemption)

．．．．

「我的人生，到底有什麼意義？」

關於這個問題，有些人在很年輕的時候就問過自己，有些人則是年老力衰之後才對自己提問。那麼我呢？我在年滿三十歲的時候，才開始好奇這個問題。

這真的是我想要的人生嗎？我心裡沒有答案。心中消極地想說，過去的人生賦予我這些天賦、機運和環境，是為了讓我走到現在這個地步吧？我擁有的已經很多了，還有什麼資格好挑剔的呢？我頭一次體會到什麼是輾轉難眠。

在公司參加一些會議時，我開始不由自主地神遊，心中埋怨：「開這些無效的會議到底有什麼意義？」當我看到同事們拿到分紅單，興高采烈討論著要買哪一款名

牌跑車時，我心中疑惑：「開這些跑車炫耀到底有什麼意義？」當我接到一項不合理又非得執行的工作任務時，儘管有百般無奈，還是得咬著牙配合去做，我憤怒地想：「盡做這些討好上級的事情有什麼意義？」

如果做這些不知道有什麼意義的事情，只是為了獲得更多薪水、頭銜和地位，這到底有什麼意思？難道這就是人生的意義嗎？

別人剝奪不走的自由

這個問題糾纏了我好幾個禮拜，這段期間我尋找了很多關於「意義」的書籍，後來我找到一本頻繁被知名作家推薦的書，名叫《活出意義來》（*Man's Search for Meaning*）。這本書徹底改變了我對人生的態度。

《活出意義來》是由二戰納粹集中營的倖存者所寫，作者的名字是維克多·弗蘭克（Viktor Frankl），他是一位奧地利心理醫生，這本書就是他在集中營倖存下來的真實經歷。

從他第一人稱的視角，我們會發現在地獄般的集中營裡面，被惡劣對待的囚犯有兩種生活態度。一種人是

意志消沉、無力可施、徹底絕望，這種人通常活不到最後；另外一種人卻懂得苦中作樂，偶爾高歌一曲提振大家精神、幫其他苦悶的人打氣，甚至願意分享自己的麵包給餓到撐不下去的人。

同樣都是活在惡劣的環境，不同的人，他們面對人生卻有著截然不同的態度。

弗蘭克在集中營一無所有，連僅有的尊嚴和身體自由也完全被剝奪，身旁盡是絕望與痛苦。在這樣的絕境之下，作者體悟到了一個道理，儘管外在環境再怎樣無法忍受，外在條件再怎樣不受自己控制，人的內心仍可保有「人類終極的自由」（the last of the human freedoms），也就是選擇如何回應生命意義的自由。他寫道：「人所擁有的任何東西都可以被剝奪，唯獨人性最後的自由——也就是在任何境遇中選擇一己態度和生活方式的自由——不能被剝奪。」

主動定義人生的意義

我們每個人，都可以決定自己看待生命的角度；每個人，都擁有選擇用哪種態度面對生命的自由。而在被環境擠壓時，這內心的自由更顯得無比寶貴。弗蘭克提

醒我們：「真正重要的不是我們對生命有何指望，而是生命對我們有何指望。」也就是說，**不要問生命有什麼意義，我才是被生命「質問」的那個人，要問我自己可以替生命帶來什麼意義？**

我過去總以為「人生的意義」可能早就被定義好，只是在某個地方等著我們去尋找。然而，我發現自己怎麼找也找不到，原來，我才是要回答這個問題的人。

以前，若是隨便一個人來告訴我：「環境不能限制你的心靈，人都有終極選擇的自由，你可以定義自己生命的意義，決定成為什麼樣的人。」我一定認為這人若不是來傳道的教士，八成是個愛說教的老師。但這本書之所以能夠說服我，就是因為弗蘭克親身經歷了如地獄般的集中營，給予了我許多共鳴。

另一個改變我對「定義人生」的觀念，是我從美國前總統夫人蜜雪兒・歐巴馬（Michelle Obama）身上學到的深刻啟發。

在她剛成為第一夫人時，曾經對這個身分感到十分困惑：「這不是一份工作，也不是正式官職，既沒薪水也沒明定的義務。」她在一開始的時候，並不知道該怎麼扮演第一夫人的角色，但是後來她卻走出一條不同於以往第一

夫人的路，成為美國史上最活躍的第一夫人，其光芒絲毫不遜於她的老公前美國總統歐巴馬（Barack Obama）。

她透過各種勇敢的行動，跳脫傳統框架，活出第一夫人的新樣貌，她在自傳《成為這樣的我》（*Becoming*）中寫道：「如果你不先站出來定義自己，很快地別人會用很不精確的定義為你代勞。」

被動接受定義不用費什麼心思，但主動定義人生，才是真正有趣的地方。因此，我在夜深人靜時，不斷回想自己如何變成今天的模樣，我又可以主動做出哪些不一樣的貢獻。如果在別人的定義裡，我是品學兼優的好學生、稱職的好員工，那麼我對自己人生的定義又是什麼呢？

善用自己的幸運

在我一剛開始接觸電子書的時候，就恰巧碰到 Kobo 電子書在台灣推廣。當時只要購書滿額就可以參加 2,000 元購書金的抽獎。沒想到，我竟然抽中了！

「為什麼這個獎項會落在我身上？」

「有人可能剛好缺這些錢買書，他們一定比我還更需要吧？」

「怎麼會這麼幸運呢？」

我當下認為自己能夠幸運中獎，並不是理所當然，而這個好運「或許」是有其他原因的。我之所以會產生這種乍聽之下有點玄妙的想法，是源自於一段關於「幸運」的分享。

為台灣而教（Teach for Taiwan）的創辦人劉安婷在成功大學畢業典禮的致詞中，提醒在場的畢業生，能取得成大的文憑，是承載了多少孩子得不到的幸運。她在演講的最後說道：「如果你有機會問自己：『我拿幸運，做了什麼？』我希望你也能夠充滿驕傲、充滿喜樂地說，即使世界充滿了不完美，即使外面充滿了醜陋，但是我拿我的幸運，選擇善良、選擇溫柔、選擇在乎、選擇去愛。」

那麼，我都拿我的幸運，做了些什麼？

談到幸運，我在工作方面無比幸運。順利錄取工作、快速晉級升遷、與神隊友共事、有許多好老闆指點、在大公司內學習營運和管理方式、獲得理想的薪資與福利……更幸運的是能夠參加公司的特別培訓，跟著高階主管開會，學習他們的視野，讓我擁有一顆愈來愈擅長吸收和轉化知識的頭腦。

另一個幸運是遇到我的女友。我女友是一個特別的

人，她對物質的追求非常少，我們兩個人過得很簡樸。她在公司裡經營社團，是個很厲害的社長。腦袋裡也有滿滿的想法，常常意見跟我相反，還能指出我的盲點。大家以為我喜歡說書，好像很有知識似的，但我在她眼裡其實是一個缺乏常識的人，還經常犯蠢。但她總是支持我想做的事，當我花費下班時間和假日在閱讀、寫作、經營部落格的時候，她也在旁邊看自己的小說、做自己的事。

我後來用那筆錢買了好幾本電子書，把每一本電子書都寫成一篇篇讀書筆記，分享到部落格上面。我想分享我的幸運，就從一小篇讀書筆記開始。

此外，還有一件事情，深深地影響了我對幸運的看法。有一位任職於跟我同單位的研究所學長，他在年過三十的時候得了怪病，家人帶他遍尋各路醫生仍然無法治癒。很不幸的，最後他還是離開了這個世界，整個單位籠罩著一股哀傷的氛圍。這也是我第一次送別曾經共事過的戰友，每當回想起那些一起奮鬥的時光，心裡頭就五味雜陳。

他的離世，對我後來看待事情的角度有很大的影響。每當我在生活上遇到不如意，像是無法如期達標被主管究責、下屬出包必須跳出來擦屁股、跟家人因為一

些小事又鬧得不愉快，心中煩悶的時候，我就會想起他。

「他願意付出多少，交換我現在還能遇到這些拉哩拉雜的事情？」

「他願意付出多少，交換我擁有的這些幸運？」

我所遭遇的不如意，對他而言，都是願意付出一切來交換的。但是，他卻換不到了。這麼幸運的我，哪有什麼資格揮霍，哪有什麼理由蹉跎。

有時候，光是活著就已經是一種幸運。我以前總是想追尋自己還沒擁有的——更多的錢、更高的職位，卻忘了自己其實已經擁有了很多。創立「閱讀前哨站」部落格之前，我其實一直猶豫，是不是要等我更有錢了、更有閒了，再來做這件事？但是，隨著我一直思考「如何運用自己的幸運」以及「應該主動賦予人生意義」這兩件事時，終於漸漸弄懂了，我已經擁有一切的幸運，不用再等待，不用再追尋，而是「現在」就可以開始分享幸運。

成為我想要的改變

如同印度聖雄甘地（Gandhi）說過：「成為你想在世

界上看到的改變。」我希望世界上有更多熱情助人的人、心胸開闊的人、樂於貢獻的人，我就要先往那個方向前進，成為那樣的人。我在心中做出決定，要把有限的「時間」用來「分享」我所有的幸運，善用自己擁有的資源，打造出心中的願景，先成為我期待看到的改變。

因此，我大膽地第一次嘗試定義自己的人生，成為一個懂得發掘自己的優勢和特質、善用自己擁有的幸運去幫助別人、勇於活出自己極限的人。我相信當我們踏上旅程，屬於我們的路途就會開始展現在眼前。此後的每一天，都是多得到的幸運。我們，何其有幸。

行動指南

1. 花一段時間問自己，「你想成為怎樣的人？」主動定義人生。
2. 發生在你身上的幸運不只是巧合而已，想想你擁有哪些幸運。
3. 每個人都擁有改變任何事情的潛能，不用等到以後，現在就可以起身行動，你想拿你的幸運做什麼？

先想像終點，
才能規劃路徑

—— 制定目標

當我重新思考人生意義之後，下一步就是規劃如何活出有自主時間、樂於分享、勇於挑戰的人生，但我猛然發現一個令我不安的事實：一天當中，到底還剩多少時間，可以用來實現我理想的人生？

我仔細計算了一下，平常一天花在工作、通勤、吃飯的時間占去至少十四小時，再扣除掉睡覺的七小時，只剩下三小時不到的時間可以運用。我接著思考，如果一直遵循原本的工作型態，未來的我會變成什麼樣子？能夠實現我所期望的人生嗎？

想打造夢幻工作、抵達理想的生活，我們必須在腦海裡對未來有一個鮮明的畫面，再透過規劃、制定目標、執行、改善，一步一步走向它。就像許多厲害的導演都有一種能力，他們會先在腦中建構出畫面，設想好這場戲的人物該怎麼互動，然後才把角色、場景、攝影等各環節安排到位。他們先有腦中的畫面，然後才一步步逆推回去，現在該做什麼、待會要指導什麼、這位演員要演什麼，最終成就了一幕又一幕精采的電影畫面。

愈能看見未來的畫面，就會愈清楚自己想要什麼、不想要什麼。還在工作時候，我很幸運有機會看到如果一直遵循原本的職涯路徑，未來我會變成什麼樣貌。

許多大型企業會挑選表現傑出、具有潛力的人才，進行培訓。就在我開始對原本的職涯產生困惑時，我獲選成為某一期的培訓營學員，培訓的內容包含了高階的管理技巧、跨組織溝通訣竅等。印象最深的是某一場高階主管的經驗分享，那位主管以「精實」著稱，分享主題是「生活和工作的平衡」，他分享自己平衡工作與生活的訣竅是，每週至少有一天晚餐，回家跟家人吃飯。

　　我聽了之後十分納悶，轉頭對另一位認識的同事皺眉了一下，然後我們彼此露出了尷尬的笑容。我心裡冒出的聲音是：「每週只跟家人吃一次飯，哪算得上什麼工作和生活平衡？」

　　我了解許多主管對工作抱持一種「捨我其誰」的強烈使命感，願意付出自己大量的時間和精力，來成就公司的領先地位。每個人有不同的人生追尋和自我實現的方式，當我愈多認識這些拚勁十足的主管，我就愈清楚這樣的努力，大部分是為了成就公司，而不是在成就我自己，甚至需要取捨犧牲我的生活和人生，這並不是我想要的。

　　除了課程之外，每一個學員也會被指派跟隨一位「導師」（Mentor），導師通常是廠長、處長等級以上的

高階主管，他們都在某領域有傑出的成就，具備充足的知識量與經驗值。而學員就扮演「徒弟」（Mentee）的角色，跟導師約固定頻率的時間見面，進行一對一面談。

在面談當中，導師會給予學員一些特別的作業，讓學員帶回自己的工作當中練習，再透過下一次的見面確認學員的進度。導師也會分享許多自身經驗，從他們的高度和視角來說明思考事情的方法。學員可以帶著自己的職涯問題向導師請教，而我特別喜歡問在不同職涯階段，會面臨哪些挫折和挑戰。

從與高階主管相處的經驗中，我發現很多主管儘管在職場上呼風喚雨，私底下卻過得不開心。更高收入伴隨的是更多種類的休閒娛樂，也能提供家庭和孩子更多元的選擇，但是相對的，他們也要承擔更重的責任，要搞定更多人事的問題，解決更複雜的跨組織紛爭。

後來我成為初階主管，也開始要處理更多這方面的事務，就深刻體會到，這種工作的日常令我精疲力竭。沒想到培訓營竟以出乎意料的方式，徹底改變了我對未來職涯的想像。於是我開始思考，如果將一天中100%的時間，都用來實現我理想的人生，那會是什麼樣子？而我理想的生活又是什麼樣子？我透過「以終為始」的思維

來想像我的人生終點,回推現在算起十年後的理想生活是什麼樣子,並依據這種生活方式,設定兩年後我會創造什麼樣的工作或價值,接著以此為目標,在每一天開始行動和改變。

成長

長期目標

短期目標

現在

時間

「以終為始」
來規劃人生

長期和短期目標

「在你人生最後被蓋棺論定時，別人會怎麼評論你？」
　　——管理學大師、《與成功有約》（*The 7 Habits of Highly Effective People*）作者　史蒂芬‧柯維（Stephen Covey）

‧‧‧‧

　　在我還小的時候，最討厭被師長問到的問題就是：「你以後長大想要做什麼？」我覺得這個問題是一個錯誤的問題，當一個人還小的時候，怎麼可能知道自己二十年後要做什麼？現在回想起來，這個問題更顯得荒謬，很多大人也根本不知道自己幾十年後要做什麼，而持續做著自己不喜歡的工作。

　　經過培訓營後，我心中原本單一的職涯晉升之路開始動搖，我漸漸發現這不是我想要的工作，但是又不禁感到迷惘：那麼我的下一步，究竟該怎麼走？又要走向哪裡？

你想過自己的人生終點嗎？

　　管理學大師史蒂芬・柯維在他的經典著作《與成功有約》中，鼓勵每個人去想像自己的喪禮：「在你人生最後被蓋棺論定時，別人會怎麼評論你？」這句話猶如一道強力的電流，直擊我的心頭。我發現，與其問「我之後想要做什麼？」不如問「在人生走向終點時，我希望自己成為什麼樣的人？」

　　這個「以終為始」的思維，成為我最重要的觀念之一，提醒我在做出任何重大決定之前，記得思考：「我希望參加我喪禮的人，怎麼描述我及我的一生？我希望他們在我身上看到怎樣的品德？」

　　我希望別人這麼描述我：「瓦基是一個待人誠懇的人，他總是樂於分享自己知道的事情，不會含糊其辭或刻意隱瞞。而且他言行合一，說什麼就做什麼，他是一個透過實際行為影響別人的人。正因為他以身作則的態度，所以他的言談更真誠、更能夠激勵人。他也樂於分享自己的幸運，讓更多人能夠透過心靈和智識的提升，成為更好的自己。」因此，我在隨身攜帶的筆記本中寫下這三點，用來隨時提醒自己的所作所為，都要符合這三

點要素：

- 我是誠懇、誠實、言行合一的人。
- 我身上具有激勵人心的影響力。
- 我充滿分享和幫助人的熱忱。

每當我工作忙到焦頭爛額的時候，我就問自己：「我要以什麼方式邁向那個終點？是以我現在的模樣呢？還是我可以有不同的選擇？」我逐漸從徬徨當中釐清自己的思考。

如果那一段蓋棺論定的描述就是人生的終點樣貌，那麼我們現在做「什麼工作和職業」並不是最重要的，畢竟我從來沒聽過有人在喪禮上，讚揚逝者上一季的業績表現。

重要的是一個人展現出來的品格，是他做著自己嚮往的事情時、在面對順境與逆境時、幫助他在乎的人們時，所展現出來的人格特質。而這些特質，不一定要透過某一種「眾人稱羨」的工作才能展現，有無限多條職涯道路可以抵達。因此我開始想像，如果有這麼一份工作，能讓我「每天」都活出這樣的自己，那會是什麼？如果我接下來活著的每一刻，都以人生終點的樣貌活著，我還需要擔心生命的無常嗎？

當時，雖然還不知道我的夢幻工作是什麼，但我知道我必須朝這個方向邁進。

先相信，就會實現

為什麼要花這麼多力氣想像自己的終點樣貌呢？因為我相信「自我實現預言」（Self-fulfilling Prophecy），這是一種社會心理學現象，指的是當一個人預測或期待某件事情發生時，他就會產生和這個信念一致的行為，最後實現自己的預測。也就是說，他實現了自己的預言。

一開始，我會在心裡描繪出一個未來畫面，並且相信，就算一天上班時間超過十個小時，我仍然可以利用下班之後的時間，朝我勾勒出的樣貌努力，最終一定會抵達理想的生活型態。

我們不要只以目前的狀態、能力、職位來限制自己的格局，而是要勇敢想像：我夢想的工作是什麼？我在做這份工作時的生活型態是什麼？該關注的是如何靈活運用技能與知識，**圍繞著自己理想的生活來打造夢幻工作，讓工作的本身就是生活的方式**。每個人都有能力創造出，符合自己理想生活型態的工作。

如果我們對自己未來的想像，仍然是工作好累、好辛苦、沒有自主權、沒有人欣賞我、生活好貧窮又沒朋友，這些負面想法就會產生負面的畫面，然後引誘我們朝它前進。隨著時間過去，就下意識地實現了一個比現在更悲慘的處境。

　　自我實現預言可以是往好的方向走，也可以是往壞的方向走。我們想要實現什麼樣的畫面，決定權在自己手上。成功的人擁有這種讓思想穿越時空的能力，對未來先有鮮明的畫面，有計畫地邁向這個畫面，最後真的活出這樣的畫面。

　　除了想像自己終點的樣貌，也可以分成幾個階段，更具體地想像未來。就像是設定好終點之後，開始要在途中放置路標指示牌，每個指示牌都指向目的地，能幫助我們在行進的路上不會迷失了方向。而這些路牌，我稱之為「十年願景」和「兩年封面故事」，透過一些實際的問題，幫助我們想像十年後、兩年後的工作和生活情景。只要相信且持續朝這方向前進，這些想像的畫面就會成為現實，出現在你生活裡面。

十年願景：十年後的你，比你想的更好

微軟創辦人比爾‧蓋茲（Bill Gates）曾經說過一句令人玩味的話：「大部分的人高估他們一年內能做的事，卻也低估了他們十年內能做到的事。」我們常會高估短期的能力，卻低估了我們長期的能耐；也就是說，**我們常低估了十年可以成就多少事情，也小看了十年後的自己。**

現在，我們就試著用長期的角度來思考：十年後的你——比今天更堅強、更優秀、更成功的你——過著什麼樣的生活？做著什麼樣的工作？

這個方法被稱之為「十年願景」，提出這個方法的網路作家馬修‧肯特（Matthew Kent）曾經說過：「如果你不追求卓越，你將默認自己接受平庸。」所謂的「卓越」是百分百發揮自己的潛力，而所謂的「平庸」則是任憑自己的潛力隨時間枯萎凋零。卓越和平庸的差別，並非跟別人比較，而是與有沒有發揮潛力、致力於追求自己的理想有關。

我在我的子彈筆記上，寫下十年願景，分別回答了四個問題（以下是我在 2019 年 3 月 30 日第一次做這個練習）。

圖5 十年願景

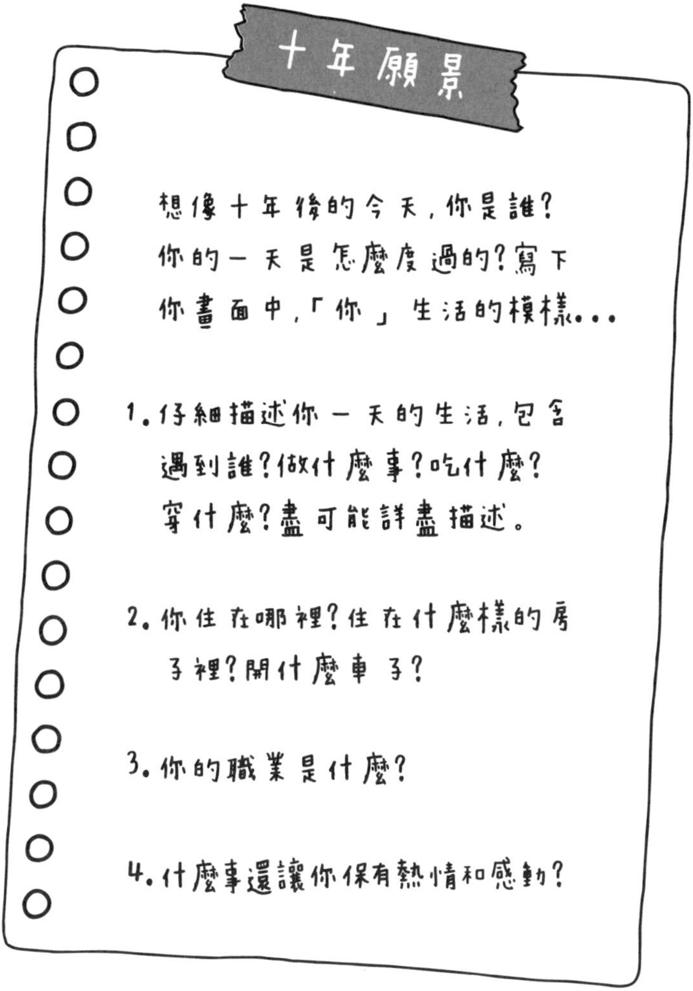

十年願景

想像十年後的今天，你是誰？
你的一天是怎麼度過的？寫下
你畫面中，「你」生活的模樣...

1. 仔細描述你一天的生活，包含
   遇到誰？做什麼事？吃什麼？
   穿什麼？盡可能詳盡描述。

2. 你住在哪裡？住在什麼樣的房
   子裡？開什麼車子？

3. 你的職業是什麼？

4. 什麼事還讓你保有熱情和感動？

問題一：仔細描述我一天的生活，包含我遇到誰？做著什麼事情？吃什麼？穿什麼？

當時還在台積電工作的我，仔細思考了自己不喜歡什麼，然後試著避免以後過著同樣的生活。我不喜歡為了流程而必須參與流於形式的會議，更不喜歡為了說服某些人而必須費盡心力準備報告。我不喜歡為了組織的運作，而必須犧牲時間的彈性和自由。我不喜歡做什麼事情都得考量各種績效和評比的影響，也不喜歡花時間在跨部門的溝通和協調。我不想將人生花在這些事情上面，因此我在腦中描繪一個十年之後的人生樣貌。

2029 年 3 月 30 日，我依然維持十年如一日的晨間習慣，早上起床之後先運動半小時，寫作和閱讀一個小時。接著，我喚醒了伴侶，我們一起做早餐，再叫小孩起床享用。輕便著裝之後，開車載他們前往學校和公司後，我回到自己的工作室，利用早上的時間處理一些自己的事情，再用下午時間開線上會議，偶爾接受零星的訪談。

我不是為了某間公司或某個人工作，我是為了我在乎的那些人工作。我跟少數的基金會和出版業者合作，

主要工作內容為推廣教育和閱讀。傍晚，我會接送孩子回家，煮晚餐給全家吃。為了培養孩子閱讀習慣，飯後我和伴侶一起陪孩子看書。我們輕鬆地談天說地，直到沉沉睡去。

問題二：我住在哪裡？住在什麼樣的房子裡？開著什麼樣的車子？

我住在台灣北部的一棟電梯大樓裡，我對物質的要求不高，開著與十年前一樣的老車。由於我和伴侶都有能力遠端工作，工作所在地並不會限制我們選擇居住的地方，甚至我們可以去任何想去的國家、城市或咖啡廳工作。

問題三：我的職業是什麼？我做著什麼樣的工作？

我主要的日常事務是寫部落格、教學，偶爾協助機構募款。不論透過哪種方式，我希望選擇最有力的管道，持續推廣教育和閱讀。

問題四：那時候的我，對什麼事還保有熱情和感動？

有許多時間跟家人相處、擁有高度自由的生活，讓

我充滿了活力。能夠向別人分享自己的經驗和寶貴的知識，也時常使我充滿生命力。此外，我從大學就喜歡跳舞，我想到那時候，跟伴侶一起跳舞，仍會是我最喜歡的運動。

撰寫十年願景可能會遇到的問題

我第一次撰寫十年願景時，遇到一些卡關的情形，我比較容易想像自己十年後的生活，但還不太清楚要怎麼描繪自己十年後的工作。後來我翻出「認識自己」的練習，檢視了一下自己想追求的三個職涯方向：成為模範榜樣、貢獻所長和教學相長、與別人分享自己的觀點，才幫助我更清楚地寫下十年後的工作樣貌。

現在回顧起來，當初寫下的生活，雖然有些粗糙，但卻清楚定調了我想要追尋的生活型態：自主的工作模式、持續公開分享和教學、擁有許多與家人相處的時光。

自 2019 年後，每年的一月初，我都會重新做一次十年願景，然而從我開始寫十年願景以來，我想像的生活型態沒有太大變動，只有在工作的形式和管道上面，因為第二年後開始製作 Podcast 說書頻道，新增了訪談和線上影音的合作。

重複檢視和重新計畫讓我學到，**理想的生活型態不太會改變，反而是工作型態會隨時間和科技的演進而改變**。這也顯示當我們計畫要打造夢幻工作時，應該思考的先後順序為：生活優先、工作為輔。

許多人談「工作和生活平衡」的議題，到頭來都還是圍繞在原本的工作型態上面打轉，生活只是工作剩餘的縫隙。就好像是在問：「無論你從事的是什麼工作，僅剩下來的那一點點時間，你拿來做什麼？」

這種想法的陷阱就在於，當我們每一天的生活只剩下關注眼前的工作任務和排程，卻不曾留點時間思考自己理想的生活型態時，往往會忘了自己擁有的無窮潛力，也會忘了自己有能力創造出不一樣的人生格局。

對於一個人來說，長期目標不該是「我以後要做什麼工作」，而是「我的理想生活型態是什麼」，並依據這種生活方式來選擇或創造要做的工作。

果斷採取行動，耐心等待結果

當我們設定好了十年之後的長期目標，可能會覺得有點遙遠，一時之間不知道該如何抵達。

在這個時候，我們可以採取一種「實驗」的心態（我會在 Step11 更詳細說明）。既然我們對現況有一點不滿，想要讓自己朝新的方向前進，最好的方式就是動手進行試驗——用自己的人生進行試驗。而任何的試驗，都有其反應時間。

就像檢測新冠病毒的快篩試劑一樣，我們一開始不知道自己是否受感染，必須先有「動作」，將檢體試液滴到試劑紙上。然後等待至少十五分鐘的反應時間，才能看到檢驗的「結果」漸漸浮現。

因此，我們可以針對十年之後的長期目標，給予自己一小段時間的試驗期，設定一個符合長期方向的「短期目標」，然後採取行動，讓它反應一段時間之後（可以是六個月到兩年的時間）觀察試驗的結果。在這個過程當中，我們邊走、邊做、邊看、邊學，透過行動產生的變化，持續修正自己前進的方向。

給予自己六個月到兩年的試驗期，很長嗎？其實很短。以人類的平均壽命來看，如果我們現在是三十歲的人，還有三十年以上的時間讓我們嘗試和摸索。如果我們連這一小段的試驗期都不願意嘗試，那麼就不需要再奢望自己的人生能有多大的改變了。

或許有人會說，如果試驗期之後，我卻什麼也沒改變該怎麼辦？這有兩種可能。

　　第一種是他根本沒有放心思在上面，也沒有認真回顧自己採取行動之後的改變，他沒有從試驗當中學到任何經驗，覺得這段試驗根本是在浪費時間。

　　第二種是他實際採取了行動，觀察行動之後的改變，發現自己其實不適合脫離體制。他更喜歡的是依從組織的運作，在規律和體制之下貢獻自己所長。而這種發現，反而是更寶貴的人生經驗。因為他未來不需要再擔心自己不曾嘗試，而是實際嘗試之後找到了更符合自己志向的目標，原來就是自己以前在走的路。

　　相較之下，我更喜歡後者。如果我們發現試驗之後的結果，是符合自己心之所向的發展，這很幸運，因為我們可以繼續前進。如果發現結果跟自己想要的大相逕庭，這也很幸運，因為我們可以從中又更認識了自己。

兩年封面故事：你會如何分享自己的人生？

　　接下來我們要把時間再縮短一些，思考如果要達到十年願景，那在這之前的每兩年，我要做什麼。視覺思

維領域的專家大衛・斯貝特（David Sibbet）創立一套名為「兩年封面故事」的方法，他的用意是把人生目標和興趣連結起來。

兩年封面故事指的是：想像我們自己在未來兩年後，因為做了某件事而登上雜誌封面的專訪，那是發生了什麼？我們被媒體訪談什麼？我們到時候要講什麼？

這個練習的重點是要我們跳脫思考框架，不要認為自己只是一個「平凡無奇」的人，而是一個擁有特別故事或做出某種貢獻的人。我們要放膽想像，這兩年我們會成就的事情，有趣到別人想知道、有營養到別人想學到、有意思到別人想看到。像是透過新穎手法宣揚消防觀念的消防員、不斷分享載客趣事的計程車司機、傾心傾力撰寫讀書心得的半導體工程師。只有想不到，沒有做不到。

我們嚮往的，並不是非得被「特定」媒體採訪才算達標，而是在這兩年的過程當中，試著做更多有趣又有用的事。當我們心向月亮，即使沒達成，也終將躋身繁星之中。雖然我們無法預測結果，但我們能享受路上的過程。

圖6　兩年封面故事

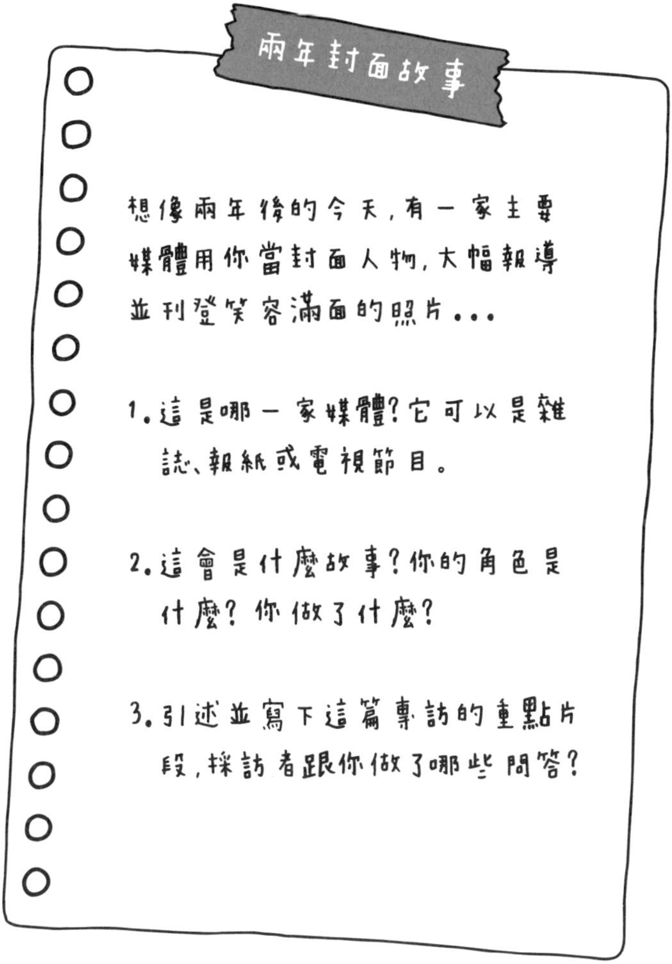

兩年封面故事

想像兩年後的今天，有一家主要媒體用你當封面人物，大幅報導並刊登笑容滿面的照片...

1. 這是哪一家媒體？它可以是雜誌、報紙或電視節目。

2. 這會是什麼故事？你的角色是什麼？你做了什麼？

3. 引述並寫下這篇專訪的重點片段，採訪者跟你做了哪些問答？

問題一：兩年後的我，被哪一家媒體採訪？

我當時挑選的雜誌是《哈佛商業評論》（*Harvard Business Review*）。為什麼我會挑選這本雜誌呢？背後的故事是這樣的。還在公司擔任工程師的時候，我以團隊領導者的身分（Team Leader）帶著另外八名工程師執行專案。當時我對「管理」和「領導」還很稚嫩，所以訂閱了這本雜誌，試著學習管理領導的訣竅。這份雜誌為我的職涯帶來了成長的轉機，也在我心中埋下了一株愛書的幼苗。

雖然公司內部對有潛力的工程師會提供一些教育訓練，但我急切地想要「加速」自己的成長曲線。尤其在開始面臨帶領團隊的壓力之後，深深覺得自己有太多能力上的不足，於是求助於市面上最具權威的商業管理雜誌，也就是 1922 年由哈佛大學商學院創辦的《哈佛商業評論》。

當時，我狠下心直接訂閱兩年份的紙本雜誌，抱著一種「付錢才會認真學」的心態，就這樣開始接受每個月一本新雜誌的洗禮。我當時還沒有做讀書筆記的習慣，只有在讀完每一本的時候，挑一個我覺得可以用在

職場上的策略試試看，或者把書中的一些金句抄在筆記本上，等著日後派上用場。我第一次接觸到敏捷式專案、僕人式領導，就是從《哈佛商業評論》學到的，我會嘗試把這些新穎的概念放到工作上做實驗。當時有些團隊成員看到我在讀這本雜誌，他們臉上的表情就像在OS：「老闆，你又要用什麼新招式對付我們了？」雖然，每本雜誌我都只讀不到三成的內容（沒興趣的文章我就跳過），但是經年累月下來，對我產生了一種潛移默化的薰陶。曾經有下屬對我說：「你是我看過最不像台積電主管的主管。」或許，這也是一種另類的肯定。

因此，我當時的想法非常單純，既然我是《哈佛商業評論》的忠實訂戶，如果能登上這本雜誌，就有如美夢成真！

問題二：我因為有哪些故事或做了什麼事而被採訪？

因為我將「商業模式圖」套用到個人生活和工作上，成功走出與別人不一樣的路，於是在 2021 年 3 月 30 日接受《哈佛商業評論》的訪談，主題是「身為一個七年級生，如何重新設計生活、職涯和夢想」。

問題三：訪談的內容和重點是什麼？

訪談的第一個問題是：為什麼決定寫部落格，要對世界傳達什麼理念？

我把自己從閱讀當中學到的、實踐的，透過心得文章的方式分享給更多的人，讓許多曾經跟我一樣迷惘的讀者們，可以從我的發現當中找到力量。而透過部落格寫作，就是一個我能善用下班之餘的時間，對自己的所學進行刻意練習、創作和發表的方法。我記錄了自己逐漸蛻變的過程，精進學習的技巧、養成良好的習慣、保持規律的運動，盡可能達成兼顧身心靈平衡的生活。在這一路上，我持續把從投資理財學到的洞見，應用到自己的工作和斜槓事業當中，包含了盡量看長期、在可接受的風險範圍內冒一點險、運用資產配置的概念開創更多元的收入來源。對於公司內部的團隊帶領，我將每一項學習到的管理技巧落實到工作當中，讓自己成為一位值得信賴的主管，讓成員之間培養出彼此信任的關係。我列出這題受訪的大綱：

- **閱讀的力量**：背後的理論和閱讀的美。
- **自我成長**：學習、習慣和運動。

- **投資**：長期心態、風險考量、資產配置。
- **管理**：對上對下都做到「值得被信賴」。

第二個問題是：如何創立頻道（平台或部落格）去達成自己想看到的改變？

我把部落格的平台定義成自己「傳遞閱讀的美好」的發源地，透過免費的文章和社群貼文，持續不斷地分享我最新的收穫，達到激勵和啟發別人的目的。藉由公開發表我的寫作內容，讓更多的人可以讀到，並給予我意見回饋和進行想法上的交流。我不但透過寫作來學習，更可以從別人的回饋當中學習我原本沒看見的盲點。經由公開分享和聽取回饋，增進創作者和讀者的知識深度，也經由思想上的交流加深彼此對這個世界的意識。我列出這題受訪的大綱：

- 分享、激勵和啟發別人。
- 得到回饋和洞見。
- 增長知識和提升意識。

兩年封面故事的靈感來源

我第一次做「兩年封面故事」時，尚未離職，當時定調的方向是「短期做好職場主管的角色、長期要朝向

部落格分享的方向發展」。因為我拿前面做過的「認識自己」來當參考，把其中兩項讓我最有活力的身分，寫進兩年封面故事當中。

- **主管**：值得下屬追隨的楷模、凝聚團隊的向心力、教導我的下屬、共同面對挑戰。
- **作家**：分享自己的觀點、記錄自己的學習歷程做為模範、貢獻我的所長給更多人。

如果想不太到訪談的內容該寫什麼，也可以延續「十年願景」的練習，把其中的關鍵元素抽取過來。

先開始，才能變得厲害

時間快轉到三年半後，2022 年 7 月我接受《哈佛商業評論》繁體中文版執行長楊瑪利的專訪，登上了 Podcast「請聽，哈佛管理學！」的「哈佛人物面對面」的訪談專輯。當初我不知道哪來的勇氣寫下的目標，竟然成真了。

實際的訪談比我的目標晚一年才成真。有讀者私下問我，在第二年還沒有被《哈佛商業評論》訪談時，不會覺得挫折嗎？目標沒有達成會不會有些失落？我的回

答是：「雖然我們無法掌握確切發生的時間，但我們能確保它的發生。」我們必須努力讓自己成為「值得被採訪」的對象，至於什麼時候受訪、由誰來採訪，只是次要的問題。在《哈佛商業評論》採訪我之前，就已經有其他媒體來採訪我類似的主題，顯示了我持續朝著既定的目標前進，方向並沒有偏移。預言發生與否的關鍵，從來不在別人，而是我們自己。

另一個讓我感意外的是，我不是被《哈佛商業評論》的紙本雜誌訪談，而是被他們的 Podcast 節目「請聽，哈佛管理學！」訪談。三年前，當我寫下這個兩年封面計畫時，全台灣幾乎沒什麼人聽過什麼是 Podcast 吧？但後來 Podcast 的崛起掀起了新一波的閱聽習慣革命，可見媒體的演變趨勢不斷在變化。雖然我們沒有辦法提前預測未來還會有哪些新的媒介，但是我們仍能確保自己前進的方向。

如果再進一步檢視，會發現原本我的計畫是在正職的時候以主管的身分受訪，但後來我接受訪談的時候已經離職創業了。這不僅打破我以前認為職位代表一個人價值的思維，也顯示了一個人會隨著時間改變，發展和成長的速度也可能比原先預期得還快。我認為正是因為

寫下明確的長期和短期目標，讓我很清楚每一天、每一週、每個月該採取什麼行動，並且朝著那個方向奮力前進。正因為這種以終為始的精神，把所有行動和資源用在刀口上，加快了我達成目標的速度。

比起達成目標受訪更令我開心的是，當初寫下「兩年封面故事」的理念、目的、核心價值，與後來實際的訪談內容有著高度的相似性，可見我的觀念和做法是禁得起時間考驗的。每一年重新練習的十年願景和兩年封面故事，也會隨著自己的成長而不斷調整、改變，屆時只要依據自己的新能力、新專業，設定出更有野心的期望就可以了。

設定長期目標就是為了先有一個大方向，開始朝目標前進。我們不一定要很厲害，才能夠開始；**而是先開始，才能變得厲害**。想要實現長期目標，千萬不要依賴飄忽不定的動機或意志力，而是透過工具（如十年願景和兩年封面故事），將抽象的目標具體化，那麼「實現目標」就只是「實現自己預言」的另外一種說法罷了。我們相信什麼，就會成為什麼。

動機雖是促使行動的原因，但只能幫助我們啟動的那一瞬間，還不足以支持我們走完全程。仔細想想，自

己有多少次燃起了熊熊熱情，結果做沒兩下就半途而廢？那些持之以恆、動力源源不絕的人，他們的心中都有一個非常執著的信念，這種由信念驅動的動力，才是幫助我們克服萬難和提供動能的來源。

長久且持續地累積

試著想像一下，如果我們的一生，就像是自己駕車前往某一個終點，我們會選擇如何駕駛。是閉上眼睛自動導航？還是睜開眼睛手動駕駛？

當我們放任人生「自動導航」，太害怕去承諾、不曾花時間去定義自己真正想要的，就等於在拖延自己的目標。當我們選擇「手動駕駛」，勇於給出承諾、花時間認識和定義自己，才有可能實踐夢想。

人生就像開車，我們前往的目的地是終點，而我們採取的每一個行動，都是在持續修正方向。能夠持續朝正確方向前進的人，比起快速卻往錯誤方向前進的人，長期下來會更具有競爭優勢。

擁有自主的人生並不是一個遙不可及的夢想，它指的是把微小的信念好好地實踐出來。**打造夢幻工作的工**

程不是一夕之間的壯舉，而是每天微不足道的累積。如同《原子習慣》（*Atomic Habits*）作者詹姆斯 · 克利爾（James Clear）的經典譬喻：「你採取的每一個行動，都是對你希望成為的那個人投票。隨著票數的累積，你新身分的證明也會隨之增加。」我們採取的每一個行動，都是對我們想成為的那個人投下一票。

1. 在你人生的最後被蓋棺論定時，你希望別人會怎麼評論你？
2. 找出自己未來想要成為的樣貌，目前有哪些代表人物，去了解他們的生活和工作樣貌是否符合你的期待。
3. 用你最常用的筆記工具撰寫「十年願景」和「兩年封面故事」，並且分享給你最信任和親近的親友。

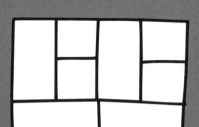

職場自由的
獲利公式

商業模式

生命的重點是不斷成長、不斷變化。人生不是靜態的，沒有固定終點，也不是回答完以後要當什麼樣的人之後，一輩子就這樣了，不能再變。

——《做自己的生命設計師》（*Designing Your Life*）

· · · ·

我們以往對於工作的定義，大多停留在要從事哪一種「職業」。許多人在考慮自己想要從事什麼工作的時候，經常是以雇主提供的職缺說明（Job Description）來思考。但是，這就像把自己硬塞進某個蘿蔔坑，強迫自己適應、接受職缺的工作內容。

不過，一旦發現這個職務不是自己真心喜愛的，為了薪水和社會觀感，很多人寧可自欺欺人，繼續硬撐，弄到最後離自己想要的模樣愈來愈遠，和真正的自我愈來愈疏離。有人可能會鼓起勇氣換工作，從這家公司跳槽到別家去，但就算跳來跳去，終究還是找不到能夠盡情揮灑、屬於自己的地方。

為什麼會這樣呢？原因是，大部分的職缺說明只是標準化之後的產物，是符合公司基本利益和招募考量的描述，但並不一定適合自己。事實上，世界上沒有替我們量身打造的工作，但是其實只要活用「商業模式」（Business Model），就可以讓工作更符合我們想要的樣子。

如何創造符合自身需求的工作？

建築師在蓋房子之前，必須先畫好工程藍圖，「商業模式圖」就是一家公司的營運藍圖，是讓一家公司獲得財務支撐，能夠持續運作的邏輯。對於個人來說也是一樣，「商業模式圖」也可以說是個人的理想工作藍圖，可以把自己在工作上的貢獻、創造的價值，與獲取收益的方式做緊密結合，找到最符合自己需要的工作。

企業為了在不斷變動的時代存活下來，必須持續評估、修正商業模式。我們也需因應環境的變動，不斷調整個人的商業模式圖。尤其是有下列這三種需求的人，如果可以熟悉商業模式的使用，必能看見更多的可能。

1. 我該如何累積專業能力、提升自己在職場上的影響力？想知道有沒有更好的策略？

2. 我好想跳脫傳統職涯路徑，還有哪些可能性？是否存在更好的轉職方案？
3. 我如果要開始經營個人品牌，該怎麼做比較好？該如何創造社群影響力？

對於這些問題，一開始的時候我沒有很明確的答案。但隨著一次又一次練習個人的商業模式圖，我開始看見了許多意料以外的可能性——那些我不曾想過，但確實存在的可能性，並且慢慢打造出夢想的工作，甚至是能夠賴以為生的一人創業模式，逐步邁向自主的人生。

當我們關注的是人生的「價值」和「目標」，而非目前我擁有什麼專業技能、只能屈就於某種工作時，我們會驚訝地發現，人生道路上浮現出許多意想不到的風景。

怎麼規劃商業模式圖？

我在三十歲的時候，才透過閱讀學會了指數化投資的方法，透過閱讀學到許多自我管理和領導統御的技巧。這對以前很不愛讀課外書的我來說，是一個非常巨大的衝擊，原來「書中自有黃金屋」是真的！我很感嘆自己這麼晚才體悟到這件事，但也慶幸自己終於體悟到

閱讀能帶給我的力量。

接著我發現了兩個「痛點」。第一個是對我而言，閱讀對職場和生活很有幫助，但我讀完卻不易記住和應用。第二個是當我遍尋了閱讀心得和說書分享的內容，我發現書評相關的部落格品質不一、說書人自身經驗不一定足夠，而且絕大多數的人都做得不夠長久。

因此我想到，不如來記錄自己的閱讀心得？一方面可以幫助自己記得書籍重點，另一方面還可以分享一套有系統的書評。當時我還有正職工作，利用下班時間實驗性地先寫了五篇讀書心得，發表之後我獲得了一些回饋，有讀者告訴我，這種筆記內容對他們很有幫助，希望能再讀到更多。這些回饋讓我產生「或許我可以透過寫部落格，來幫助和影響更多讀者」的想法。於是我說書事業的第一版商業模式圖就此誕生。

商業模式圖的九個構成要素

從下頁的圖 7 可以看到，商業模式圖由九個關鍵要素組成，你可以依下列項目，一項一項來思考，並寫上目前的答案。

記得，不論是企業或個人商業模式圖，都需要時常

拿出來評估、修改並行動，所以不用害怕現在寫上的答案不夠完整，我們都是在探索新方向的路上。建議可以在一張 A4 白紙上畫出下頁的表格和九個關鍵要素，然後用便利貼寫出你所想到的答案，貼到相對應的欄位上。便利貼的使用，讓我們保留修改的彈性，如果第一次寫得不夠好，只要撕掉便利貼重新寫一張就好。這個練習的重點在於釐清自己的商業模式，而不是做出一張精美的圖表。

1. 目標客層

就企業而言，就是要接觸或服務的個人或組織群體；對個人而言，就是「我要幫助的是哪些人？」

如果你不知道你的目標客層是誰，只要把自己這樣類型的人，當成你的顧客即可。我是一個三十歲之前不喜歡也不讀書的人，竟然在三十歲之後，開始經營書評部落格、打造說書事業，這樣的一個自媒體，會吸引到怎樣的人呢？我的顧客廣義來看，是有閱讀習慣、喜歡閱讀的人。狹義來說，是將閱讀視為「自我提升」工具的人，可能大多跟我一樣，在職場有數年工作經驗、以前不喜歡閱讀、想要發展斜槓事業的人。我所分享的內容，正是這類不喜歡閱讀但想提升自我的人所需要的

圖 7　瓦基第一版個人商業模式圖（在職斜槓）

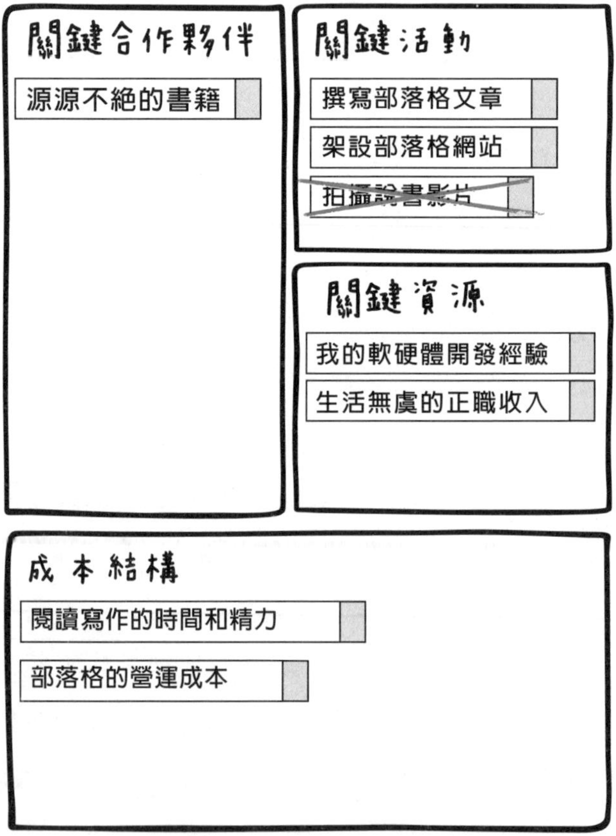

關鍵合作夥伴

源源不絕的書籍

關鍵活動

撰寫部落格文章

架設部落格網站

~~拍攝說書影片~~

關鍵資源

我的軟硬體開發經驗

生活無虞的正職收入

成本結構

閱讀寫作的時間和精力

部落格的營運成本

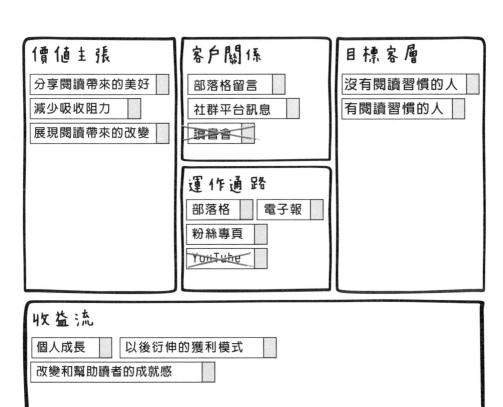

（建議可以對照「兩年封面故事」來思考目標客層）。

2. 價值主張

　　就企業而言，是要為目標客層創造出價值的產品與服務；對個人而言，就是「我如何幫助顧客？」

　　在規劃商業模式圖時，我寫下的價值主張是「傳遞閱讀的美好」，但我要怎樣確保每一次創作的內容，都展現出這個價值呢？一開始，我覺得要傳遞這個價值有一個困難點，大部分的人都知道「閱讀的好處」，可是也僅止於「知道」，不一定能夠切身「感受到」，更難以真正「做到」。這個現象對我的挑戰就是，該如何有效地傳遞閱讀的價值，讓原本令人抗拒的事情，變得更貼近生活？

　　我回想起之前跟朋友去一間麵館吃飯，發生一件有趣的插曲。他是一個非常害怕「韭菜」的人，只要麵裡面有韭菜段，要全部挑出來之後才開始吃麵。當天，我們各點了一碗麵，色香味俱全的湯麵一上桌，便開始大快朵頤，而且一直稱讚麵的湯頭和風味。吃了一半之後，我留意到湯裡面有很多小小的、綠色的塊狀蔬菜，我挑起這些綠色蔬菜仔細試了一下味道，我告訴他：「你有發現嗎？這些綠色點點是切碎了的韭菜。」他感到十分驚訝，仔細品嘗兩口之後，也確認了這些是切碎的韭菜。才發現切碎

的少量韭菜，扮演了提味的效果，卻又不至於令不喜歡韭菜的人感到排斥，反而讓他對湯頭讚不絕口。

我從這個小插曲獲得靈感：改變呈現的形式，就有可能獲得不同的效果。因此我調整了撰寫讀書心得的形式，把我學到的每一個重點拆成 300 至 500 字的短篇段落，直截了當地說我從中學到了什麼、實踐之後我改變了什麼、又有什麼是令我感興趣，想要繼續延伸閱讀的。後來，我還把長篇文章的內容拆成一則則不到 100 字的金句貼文，方便讀者在社群媒體上快速吸收；此外，我也把文章轉換成 Podcast 說書，讓讀者可以利用零碎和通勤的時間聽完一篇讀書心得。這些做法同樣都是在「傳遞價值」，於是我又新增上「減少吸收的阻力」、「展現閱讀帶來的改變」，希望以更貼近生活的方式來傳遞閱讀的美好。

3. 運作通路

就企業而言，如何和目標客層溝通、接觸，以傳達其價值主張。對個人而言，就是「別人是怎麼知道我的？我透過哪種方式服務別人？」

在還未離職前，我是利用下班時間經營說書事業，相信很多人也有斜槓的經驗，我覺得有件事值得分享，

就是我後來調整、簡化了關鍵活動、顧客關係和運作通路，因為我的時間有限，只能專注在少數的關鍵活動、客戶和通路上面。因此，我選擇架設個人部落格為主要通路，刪除了當時缺乏心力和時間投入的 YouTube 說書影片。

4. 客戶關係

就企業而言，指一家公司如何經營、維護與目標客層的關係。對個人而言，就是「我如何與顧客互動？」

在客戶關係方面，我選擇用社群平台來經營，社群平台除了用來發布內容之外，也是讀者回饋意見的最直接管道。經過多方比較之後，我瞄準了台灣用戶最常使用的 Facebook 和 Instagram，在上面發表內容和聽取私訊的意見回饋。除了經營自己的社群之外，也額外參與了一些公開的讀書社團，在上面分享我的讀書心得以及回答網友的提問。

確定自己的通路和如何經營顧客關係後，其餘的很多方法，像是主動投稿到別的網站、在別的節目受訪曝光、跟別人在新通路發表內容等，一切會讓我分心的事，我都一律婉拒。因為在創造價值和傳遞價值的初期，正是最需要投入心力經營主要通路的時間。

5. 收益流

就企業而言，是從每個目標客層收取的利潤（扣除成本之後）。對個人而言，就是「我會獲得什麼？」

任何一個商業模式，只要能夠達成「創造」價值、「傳遞」價值、「獲取」價值這三件事，都有機會成為長久經營和獲利的事業。當然，經營一個讀書心得部落格也不例外，發表讀書筆記持續創造價值，在部落格和社群平台傳遞價值，最後我預期能夠透過出書、線上課程和廣告業配來獲取價值。

人生的財富不只是錢，還包含了成就感、心態、專業能力、如何管理時間等。因此，在尚未有實際獲利之前，是閱讀對我的改變、幫助讀者的成就感使我能夠維持熱忱，而出書、線上課程和業配等，都是後來才衍伸出來的獲利模式。

6. 關鍵資源

就企業而言，指要傳遞價值主張所需的資產。對個人而言，就是「我是誰？我擁有什麼？」

關於資源，我常會思考兩個面向。第一個面向是我擁有什麼？像是我想嘗試的說書事業，我擁有的就是對於閱讀的真誠喜愛，我願意投入心力去閱讀、做筆記、

整理文章、錄製成 Podcast。我擁有的最好資源，就是投入這項事業所秉持的恆毅力。

第二個面向是我缺乏什麼？在斜槓的期間，我最缺乏的是時間。我必須善用下班和假日的分分秒秒，投入到我喜歡的說書事業。而當一個人缺乏資源，他會想出更有創意的方式完成那件事情。像是我缺乏時間，所以我持續優化自己的閱讀和寫作流程，並對每一篇部落格的文章進行內容重製，在社群媒體上二度、三度分享，發揮最大的影響力。

我也必須學會使用和整合各種軟體，將作業流程盡可能地自動化，節省大量重複人工作業的時間。

7.　關鍵活動

就企業而言，指要傳遞價值主張所需的行動。對個人而言，就是「我做哪些事？」

在整個商業模式當中，規劃商業模式圖只是最前面的環節，是幫助我們擁有一個好的起跑點。而真正能讓商業模式開始運作，並達到長期獲利的是執行「關鍵活動」。在執行商業模式的過程當中，如果硬要說一個比例，我會說關鍵活動這個要素就占了我所投入的 80% 精力，其他的八個要素只要花 20% 的心力就可以了。就像

是我想以部落格起家的說書事業，最關鍵的活動就是「每週發表一篇讀書心得文章」，這件事值得我投入絕大部分的時間精力去執行，因為唯有執行才能創造價值，真正傳遞我的價值主張。先穩定、持續地執行關鍵活動，再撥出剩餘的時間，去檢視、修正和調整其他的商業模式要素。

8. 關鍵合作夥伴

就企業而言，不可能掌握所有資源，所以需要供應商或合作夥伴的網絡。對個人而言，就是「誰能協助我？」

我在一開始嘗試斜槓時，更重視「執行」這件事情本身帶來的樂趣，大於我想得到的「效益」。因此我沒有特別尋求合作夥伴，而是把書本視為我的關鍵夥伴。我遇到什麼問題，就找什麼書來讀，自行研究可能的解法。透過這一段兼具樂趣和探索的過程，我更能夠深刻體會打造夢幻工作這條路上的甘苦點滴。到了轉型期，我才開始將出版社、製作課程公司、說書影音團隊納入合作夥伴，試著讓雙方的資源能發揮更大的綜效。

9. 成本結構

就企業而言，就是取得關鍵資源、關鍵活動、顧客

關係等所產生的費用。對個人而言，就是「我要付出什麼？」

對我們個人來說，有形的「金錢成本」比較容易記錄，只要有基本的記帳和財務觀念就可以掌握支出的金額。但我覺得無形的「精神成本」是更需要被考量的。像是為了工作需要付出的時間、為了 on-call 需要取捨的假日、為了支應工作環境所付出的精神力，都必須計算在無形的成本當中。

如果我們要把自己當成一家能夠永續經營的企業，就必須同時照顧好有形和無形的支出，絕對不要讓自己的身心靈處在一個超支的邊緣。

如何實踐商業模式圖？

透過第一版的個人商業模式，我替自己的說書事業擬定了一個起步的策略，引導我持續嘗試和前進，並用商業模式圖規劃自己下一個階段的職涯目標。

既然我的長期目標不是「以後要做什麼工作」，而是「我的理想生活型態是什麼，並依據這種生活方式來選擇我要做的工作」。我相信自己能用以終為始的思維，找出

現在和未來之間的落差，再透過目標設定、行動、持續優化的能力，我設定要用兩年的時間，朝這個說書的商業模式做出改變。

檢視商業模式圖的成本與成效

當我們在執行商業模式的時候，必須要持續記錄成本支出和收益，以便過了一段時間之後，我們可以回頭檢視執行的成果。

像是我在執行第一版個人商業模式時，曾試著開拓更多的收益來源，像是「講授線下課程」、「網站聯盟行銷」、「部落格文章業配合作」之類的獲利管道。我每一種都嘗試做過，為的是親自確認這些方法的「成效」，而不是單純放在腦袋裡面空想。當我實際去做過之後，我才會深刻地明白所謂別人的方法，應用到我自己身上適不適合，以及成效如何。

舉線下課程為例，我當時想驗證，如果我開設以「子彈筆記法」為主題的工作坊，有沒有獲利的可能？因此我自己舉辦課程，也接受其他單位的邀約開課，實際去感受顧客對這項方法的需求，評估這件事在未來的獲利機會。

進行了數場講座之後，我回頭檢視自己投入在備課、場地、行銷等方面的時間與金錢成本，並衡量之後的收入。我發現這是一個雖然有獲利能力，但不太符合投資報酬率的事情，因為我仍然是用時間在換取金錢。後來再加上新冠疫情的衝擊，線下工作坊變得無法舉辦，我也決定不投入時間轉製成線上工作坊。透過檢視成效，我知道這是一個可以備而不用的獲利方案。

　　我愈加投入說書事業，也發現愈多新的可能性，不到兩年，我又做了第二版的個人商業模式圖，新增上深藍色便條紙。像是經營 Podcast 得到讀者的廣大歡迎，帶來了更多業配的機會，也讓我受邀成為其他付費說書節目的主編。此外，由於我在閱讀、筆記和寫作領域的耕耘，也開啟了線上課程的合作機會，由合作夥伴幫我打點影片後製和行銷業務，而我負責產出課程核心內容。

　　隨著不斷地執行關鍵活動、盤點手邊有限的資源、跟夥伴建立合作關係、檢視成果做出果斷的取捨，讓我逐漸累積起更多元的獲利管道。而這也成為了我足以離職，全心轉往夢幻工作的墊腳石。

使用商業模式圖的心態

之所以要透過九個關鍵要素來規劃商業模式圖,並不是要填上一堆花花綠綠的項目,真正的目的是為了聚焦在重要的事情上,也就是我們的「價值主張」。

像是我後來離職投入自己的說書事業之後,經常會收到企業演講、企業培訓的邀請,甚至是前公司的演講邀約。但是每當我檢視自己的價值主張,我就知道這些邀約跟我想傳遞的價值主張「傳遞閱讀的美好」關係不大,因此我可以很果斷地拒絕,也不會因為拒絕而感到可惜。

商業模式也會讓我們對於資源的運用更加敏銳。像是我原本一度想靠一己之力,拍攝和錄製 YouTube 說書影片,但是礙於時間與金錢成本的門檻,我不得不先放棄這個念頭。直到後來,有夥伴提出合作的邀請,由他們負責拍攝和後製,我負責說書。由於說書影片本來就符合我的價值主張,再加上合作夥伴提供的團隊資源,因此這個合作就成形了。

使用商業模式的心態,就是聚焦在真正重要的事情上,並妥善運用自己和別人的資源。

圖8 瓦基第二版個人商業模式圖（離職創業）

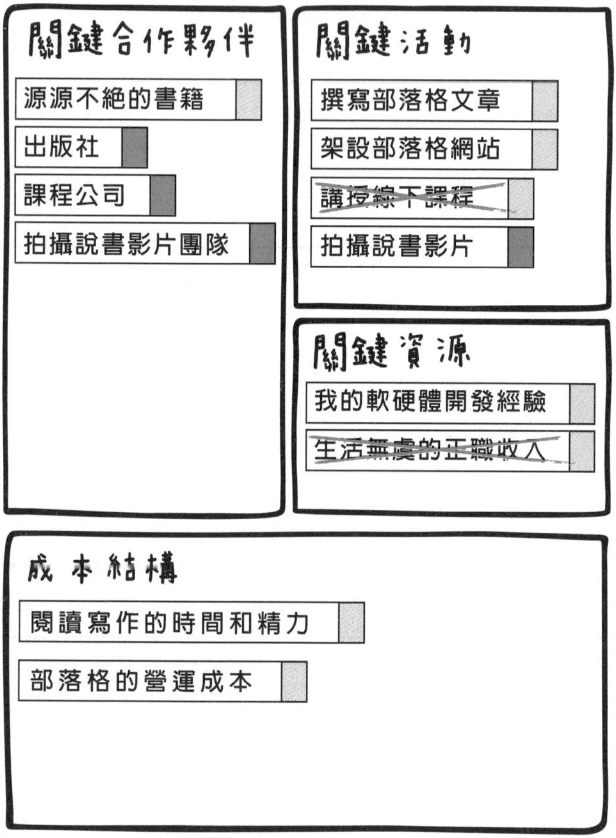

關鍵合作夥伴

- 源源不絕的書籍
- 出版社
- 課程公司
- 拍攝說書影片團隊

關鍵活動

- 撰寫部落格文章
- 架設部落格網站
- ~~講授線下課程~~
- 拍攝說書影片

關鍵資源

- 我的軟硬體開發經驗
- ~~生活無虞的正職收入~~

成本結構

- 閱讀寫作的時間和精力
- 部落格的營運成本

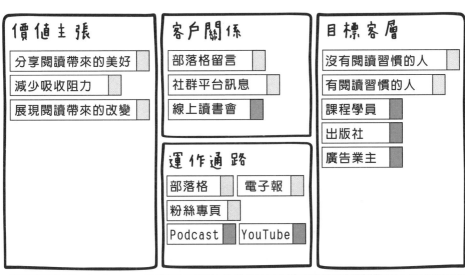

價值主張

- 分享閱讀帶來的美好
- 減少吸收阻力
- 展現閱讀帶來的改變

客戶關係

- 部落格留言
- 社群平台訊息
- 線上讀書會

目標客層

- 沒有閱讀習慣的人
- 有閱讀習慣的人
- 課程學員
- 出版社
- 廣告業主

運作通路

- 部落格　電子報
- 粉絲專頁
- Podcast　YouTube

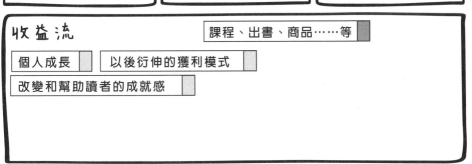

收益流

課程、出書、商品……等

- 個人成長　以後衍伸的獲利模式
- 改變和幫助讀者的成就感

修正商業模式圖的時機

許多人對於商業模式圖有一些誤解,覺得做一次之後就不能改變,只能有一版商業模式圖。我的建議是,商業模式圖可以反覆修改、重複使用,特別是每年的年初、晉升時、轉職時、想開創新事業時,各種時間點都是一個很好的檢視時機。

商業模式並不是建立一次之後就放著不管,而是要持續建立、執行、檢視、修正。企業面對的是不斷變動的時局,我們的人生也是一個動態變化的過程,所以商業模式也要跟著自己的變化進行調整。

我之所以規劃出第一版的斜槓說書商業模式圖,就是因為我先檢視了自己工作和生活的平衡,以及考量未來的目標方向,發現在正職期間的商業模式並非我長期想要的。而在這個時候,就是做出修正的好時機。

接著,隨著我對斜槓說書的持續投入,並且持續檢視執行之後的成果,我開始找到各種不同的效益收入,逐漸累積成了一筆不容小覷的獲利。這個時候,我開始進行第二版的修正,開始規劃如果正式離職之後,我該將商業模式調整成什麼樣子。在我們採取行動之後,我

們的能力、條件和影響力等，都會持續改變，因此要依據進展狀態，繼續修正自己的商業模式圖。

　　商業模式不是一成不變的，而是需要一直修正的。

行動指南

1. 試著以目前的工作，練習做一次商業模式圖，想到什麼就先貼上該欄位，因為是用便利貼，之後有想到更好的都可以隨時替換。
2. 接著試想你的長期目標，再規劃一張夢幻工作的商業模式圖，能貼上的便利貼很少也沒關係，只要先確立你的價值主張，其他東西都會慢慢開展出去。
3. 記得每隔一段時間，把你的商業模式圖拿出來檢視，持續修正、執行再檢視。

成長

長期目標

短期目標

微型目標

現在

時間

每一天
做一件小事

微型目標

熱情和目標不是我們渴望擁有的東西，也不是隱藏起來等待我們發現的寶藏。熱情和目標是一塊畫布，等待你在上面揮灑第一抹油彩。

——《初生之犢》（*Beginner's Pluck*）作者
麗茲·柏哈拿（*Liz Bohannon*）

· · · ·

明確、具體的目標才能被實踐

設定目標的方式，我分為長期、短期和微型目標，這是幫助自己貫徹「以終為始」的思維，讓每個行動都圍繞著最終極的目標。我們已經學會用「十年願景」設定長期目標，用「兩年封面故事」給予自己一段試驗期，設定短期目標。但你可能會覺得這兩個目標還是太大，具體應該做什麼呢？我把每一天、每一刻都可以做的事，稱為「微型目標」。

設定微型目標最重要的關鍵是，讓目標是明確具

體、可被行動的。微型目標並不是「第三個月累積 1000 位粉絲」、「第六個月接到第一筆業配合作」、「第一年達成部落格 100 萬次瀏覽」這種目標。這類型的目標，我一律稱之為「不受我們控制的目標」，因為控制權不在自己的手上，而是在粉絲、業主、搜尋引擎演算法的手上。

若想達成長期和短期目標，就必須確保每一個微型目標都能被實踐和完成，因此微型目標應該要是「我們可以控制的目標」。像是每週發表一篇文章、一個月做出一個堪用的部落格，這類型的目標，控制權完全在自己的手上，能不能達成只跟自己有關係。

盤點與目標間的距離

我在兩年封面故事寫下的受訪內容是，寫部落格或創立頻道，經營自媒體的心得，也依照這個目標規劃出說書事業的商業模式圖。為了讓商業模式順利運作，我們要隨時提醒自己，有沒有依據自己的「價值主張」，持續不斷地把「關鍵活動」做好做滿。因為必須先創造價值、傳遞價值，然後才有獲取價值的機會。

所以，無論我們的目標訂在哪裡、商業模式長什麼

樣子，最重要也最不容忽略的，就是我們有沒有把主要的精力，投入在執行關鍵活動上。執行關鍵活動，並不是隨便喊喊的口號，而是要落實到每一天、每一週、每個月都持續執行。**我們可以將關鍵活動進一步拆解，設定成「微型目標」，幫助我們小步邁進。**

我曾經很好奇前公司有一位非常卓越的資深主管，每次就算遇到難題，他也能屢屢斬獲，立下不少亮眼的戰績。有一次我終於有機會問他，為什麼他能夠完成這麼多看似不可能的任務，達成許多別人眼中難以企及的目標？我永遠也忘不了他的表情，他開心地笑著對我說：「因為我掌握了一個關鍵方法『盤點』，只要這招用得好，可說是用一招打遍天下。」

盤點的方法是源自於「標竿管理」（Benchmarking）的管理學說。標竿管理是以該產業裡的「卓越公司」做為標竿，盤點他們的競爭優勢，學習他們的作業模式。實際的做法就是，在我們訂立目標和執行方式的時候，先進行一輪詳細的盤點。盤點內容包含：向我們目標的「角色楷模」（Role Model）對齊，參考他們之所以成功的做法、失敗的經驗，把對方曾經採取的做法列出來，仔細評估每一項優勝劣敗，最後決定自己要採取的策略。

設計完商業模式圖之後，我腦中隱約有一個模糊的概念，就是希望自己成為一位內容創作者，透過文字分享所學，並以寫作為主、其他獲利方式為輔，展開自己的夢幻工作。這個時候需要設定我的微型目標，於是採取了盤點的方法，尋找心目中的角色楷模，先向他們對齊、借鏡，然後發展出最適合自己的做法。

以角色楷模（Role Model）為盤點對象

有一句諺語是這麼說的：「十年寒窗無人問，一舉成名天下知。」我曾經認為一個人要創立一番個人事業、踏上全新的職涯跑道，是曠日廢時且吃力不討好的事。直到看到網路上愈來愈多元的數位內容和自媒體逐漸興起，我才開始改觀。

十幾年前，一個人必須先在某個領域有極高的專業，才能透過登報、出版書籍或上電視節目被更多人看見。而現在的現象剛好相反，每個人都能透過新型態的數位管道，寫部落格文章、發社群貼文、錄製 YouTube 或 Podcast，直接接觸到網路上廣大的群眾。接觸和累積顧客，不再是成名之後才開始，而是從創作之初，就已經開始在經營自己未來的顧客。也因此，透過自媒體崛起

的個人創業者愈來愈常見，他們發展事業和累積顧客的速度，透過網路無遠弗屆的傳播變得更快、更有效。

我心中有眾多經營自媒體的角色楷模，其中我最欣賞的就是《原子習慣》的作者詹姆斯‧克利爾。他原本是一位傷後痊癒的出色運動員，2012 年才開始提筆在部落格寫作，每週他會發表兩篇關於習慣、決策和如何進步的文章，以及每週發送一則電子報。他也曾經將發表的內容「重新再製」轉發到社群平台上，獲得了廣大讀者的支持。三年之後，他跟出版社簽訂書約，受邀到各大企業和節目演講，推出了線上課程和周邊產品。至今，他的著作《原子習慣》成為全球超級暢銷書，至今已經賣出 500 萬本，光在台灣就銷售了 45 萬本。

真正讓我驚豔的，並不是克利爾後來取得的那些「外在成就」，而是他在事業起步時期的那些嘗試，以及他在過程中的每一個微小改善和進步。他所採取的行動，全都圍繞著他理想的生活和事業型態來展開。當我們將他的「關鍵活動」拆解成一個又一個的微型目標時，會發現一個共通現象：**它們都是最微小、可自己控制的事情。**

1.　在事業初期，他每週發表兩篇關於習慣養成的部落

格文章，持續了三年。

2. 他將部落格的文章內容重製，發表於 Facebook、Instagram、Twitter，並且記錄哪一些貼文獲得更好的回饋和共鳴，再進一步發展成新的文章或書籍內容。

3. 他只接受關於建立和養成習慣的訪談和邀約，果斷拒絕其他不相關的事。

我期許自己成為像克利爾一樣成功的文字內容創作者，有紀律地產出和創作對讀者有幫助的內容，持續收集讀者的回饋，將心力全都放在能傳遞價值主張的關鍵活動上。當心中有一個楷模的時候，就更容易設定自己的目標。我的楷模是克利爾，就不會分心去學習拍攝 YouTube 影片，變成一名影片內容創作者。

此外，我也盤點他所做的事情、達成的成就、花費的時間，對於自己需要做的事、需要學習哪些技能，以及需要花費多少時間，有更清楚的輪廓，進而設定可以行動的微型目標。

盤點需要多少時間

對於任何專案來說，擬定一個合理的「預期時程」

是很重要的。**當我們知道預期要花多少時間才能達標，就能在過程當中保持耐心，採取更合理的方式去執行和運用手邊的資源。**

在開始打造夢幻工作之前，我已經建立將近一年的閱讀習慣，也從書中找到許多角色楷模。我會研究他們平均花了多少時間、在這段時間內做了哪些事情。我發現幸運一點的創作者，大約三年左右會開始嶄露頭角，而普遍的平均值大約是五年左右，稍微辛苦和坎坷的則長達十年以上。

我發現，成功的創作者們幾乎都擁有一個共同特質，他們「持續」發表創作的內容，「持續」帶給觀眾價值，「持續」累積自己的影響力。扣除一些因為特殊事件而爆紅的特例，基本上這套模式沒有任何例外。

給自己三年的時間努力

舉我最喜歡的角色楷模克利爾為例，許多人可能被上述那些「耀眼成就」給弄分心了。但是，最重要的反而是最不起眼的一段描述：「持續這麼做了三年」，每週發表兩篇文章。

真正困難的從來都不是後面的那些事蹟，而是開頭

的那段過程；真正難達成的，從來都不是後面的收穫，而是過程中的堅持。

當我們在**盤點的時候，試著尋找模式，而不是故事**。只有一個人能成功的策略不代表什麼，能讓一百個人成功的策略才是真的重要。

於是我給自己設定的微型目標，就是至少花費三年以上的時間，每週發表一篇讀書心得。無論當週發生什麼插曲，我都得盡一切力量達成自己設定的微型目標。

另外，我覺得很值得參考暢銷財經書《致富心態》（*The Psychology of Money*）的作者摩根·豪瑟（Morgan Housel）的寫作策略，讓他足以保持長久不衰的寫作熱忱，那就是專注於自己有興趣的事。他曾在受訪中提到：「我寫作的對象只有一個，那就是寫給我自己看。我只寫我有興趣的東西。」他從自己感興趣的東西出發，因為對他而言有趣的事情，剛好也會讓某些讀者感到有趣。而這也是支持他撐過低潮、撞牆，甚至不被看好，還能繼續不斷寫作，以致寫得愈來愈好、文章愈來愈精采的關鍵之一。

我們並不會因為設定了長期目標而突然獲得成功，而是在一次又一次完成微型目標的時候，進步才有可能發生，這也是我們成長進步的真正關鍵。

盤點要用哪些方法

後來，我又有一個疑惑，台灣的創作者大部分是在 Facebook、Instagram、YouTube、Medium、方格子之類的第三方平台上發表作品。可是我盤點了自己欣賞的歐美作家，他們則是把第三方平台當成輔助，主要經營的是擁有自己網域的部落格或個人網站。

在盤點的過程當中，我也發現歐美作家通常會經營自己的電子報，向用戶蒐集 Email，透過寄送電子信的方式直接接觸到用戶。克利爾也不例外，他打從第一年就開始經營免費訂閱制的電子報，累積十年至今訂戶已經超過兩百萬名。無論第三方平台的演算法如何變化，都不會影響到他直接寄信接觸這些訂戶。從某種層面上來說，他「擁有」這些訂戶。

這個觀察讓我有所頓悟，如果仰賴第三方平台的粉絲數、仰賴演算法推薦自己的內容，無疑是將掌控權交給第三方，我們就只是第三方平台的其中一位創作者。但是當我們經營屬於自己的部落格、發送自己的訂閱制電子報，才能真正將主導權拿回在自己的手上。

因此，我設定微型目標要以「部落格」和「電子報」

為主,「社群平台」為輔,打造出屬於自己的「自媒體」通路——也就是當今傳遞價值最有效的方式之一。

先看別人怎麼做,再改善不足之處

當時,我想要打造的是類似書評部落格的形式,我又去搜尋國內外知名的書評網站,把他們各項通路的指標都列出來排排站。像是他們總共經營了哪些平台?怎麼經營的?部落格網站上面總共有幾篇文章?有哪些類別?文章的字數和深度要到哪種程度?他們持續寫了多久?排版的樣式有什麼區別?為什麼有些人這樣排,有些人卻那樣排?為什麼有些人只寫文字,不放插圖?為什麼有些人會搭配一些插圖和影音?當我做完一輪盤點,已經對如何經營自媒體有足夠的掌握度,也更清楚要投入心力在哪些通路上面。

這時要做的事就簡單許多:截長補短、見賢思齊。以部落格和電子報為例。

- **打造部落格**:我最喜歡的部落格樣式,是「無廣告」的閱讀體驗。因此我架設部落格的目標,就設定成「文章和照片穿插、沒有置入廣告」的簡潔版面。所有樣式設計,都以讀者的閱讀體驗為最優先考量。

當時我花了三個月的時間，來來回回修改部落格的版面，也請一些好友進行試用，持續調整成現在的樣貌。

- **經營電子報**：我當時訂閱了不同作家的電子報，發現我很討厭那種讀起來「落落長」又太過「花俏」的電子報。所以我一樣採取強調閱讀體驗的簡潔設計，電子報的微型目標也很單純，就是開始蒐集訂閱者名單，然後穩定地每個禮拜寄送一封電子報，內容就是我每週在部落格上更新的新文章。

盤點要學習的「共通技能」

從現況到未來的長期目標之間，必然會存在很多技能的鴻溝。尤其是當我想要從傳統的職場工作者，轉變成一名以文字內容創作為商業模式的工作者時，這之間的技能鴻溝是非常巨大的。我仍是使用標竿管理法，盤點出真正關鍵的技能，並且投注心力去培養和建立。

盤點許多成功創作者時，我們要特別留意他們之間的「共通點」，也就是放在各行各業都通用的「共通技能」。以我想要成為文字內容創作者為例，我將共通技能

依重要性排序：寫作、演講、行銷、管理、變現管道。

　　一開始起步時，我對這些技能都不熟悉，但我告訴自己：「抱持成長心態，我只是還不會。」在面對陌生、有挑戰的事情，只要轉念想成「**我還不會，但我可以試著去學會**」，就可以帶來轉機。

排出學習的優先順序

　　如果我們在一開始盤點出需要學習這麼多項技能，覺得有點招架不住的話，我建議可以依照商業模式的順序——創造價值、傳遞價值、獲取價值——來學習。例如寫作就是在創造價值，演說和行銷是為了傳遞價值，管理和變現管道是最後獲取價值的手段。

　　能夠幫我們「創造價值」的技能，絕對是優先學習的重點。像是內容創作者的重點技能就是寫作能力，程式設計師的重點技能就是撰寫程式的技巧。這一個環節是最優先，也是需要花最多心力去持續精進的部分。

　　其次，幫我們「傳遞價值」的技能，可以放相對較少的心力去學習。像是演講、行銷之類的技能。學習這類型的技能在於尋找一個實際的成果去產出，例如參加一場簡報競賽、講授一堂教學課程、設計一套銷售簡報

（Sales Kit）。目的不在於專精這件事情，而是懂得如何實際應用即可。

最後，才是學習「獲取價值」的相關技能，也就是變現的各種方法。像是提升自己的談判技巧爭取加薪、學會各種知識變現的方法去銷售產品與服務。

我也依據自己的經驗，訂出需要投入多少時間心力的比例：60% 創造價值、30% 傳遞價值、10% 獲取價值。我之所以把獲取價值的技能放在最後，是因為我觀察到許多失敗案例有一種共通的現象，那就是在一開始太關注「獲取價值」。就像是剛進入社會的職場新鮮人，學了一大堆加薪的談判技巧，結果反而爭取不到加薪，是因為他忽略了真正帶來價值的，是能夠創造價值的技能。

一位內容創作者學習一百種變現模式，卻忽略了最重要的創作內容，到頭來只會換得曇花一現的獲利。一個無法持續創造、提供價值的個人或事業，無法長期在這場遊戲裡生存。

這一路上，我學會了如何寫作、如何架設和經營部落格、如何行銷自己的內容、掌握基本的演說技巧、發展出了各種的變現方式。漸漸地，我會把那些還不夠完美的部分，當成是我「還不會」的事情，我知道總有一

天自己有能力學會那些事情。

而我的微型目標，就是持續在這些技能上面，保持學習的動力和精進的態度。只要我們能將這些技能拆解成微型目標，並且持續達成，長期下來就能累積可觀的成果，帶來巨大的改變。

看別人出版暢銷書時，每天寫 100 字好像不怎麼值得。看別人打破紀錄時，每天運動 10 分鐘好像不怎麼厲害。看別人多益考高分時，每天背 3 個單字好像不怎麼有用。但是，贏得「下一個十分鐘」，就是偉大的一種展現方式。

成功的訣竅就是把握下一個十分鐘，完成許多個微型目標，對每個時刻持續地投入。傑出的表現不是一時浮現的，而是一直投入所累積的成果。**成功，就是在微小的目標上持續求勝。**

朝北極星前進的微型目標

2021 年 1 月 5 日，當詹姆斯・克利爾刷新了網頁後台的數據頁面，他盯著螢幕開心地笑了出來。他經營的電子報正式突破了 100 萬名訂閱者（截至 2022 年 10 月

26 日已經有 200 萬名訂閱者）。

接受採訪時，被問到達成這個里程碑有什麼心情的時候，他回答道：「關於達到百萬電子報訂閱者這件事，我總共花了八年的時間。但我之前就知道這個里程碑即將到來，你知道我的意思嗎？」

電子報訂閱數和其他社群平台的追蹤數有什麼差別？如果一個人在社群網站或影音平台上有百萬的追蹤數，這些追蹤的粉絲仍然不屬於這個人的。每次張貼的新貼文，平台都要先透過「演算法」去計算貼文的成效、觀察互動的狀況，然後才決定要曝光到哪些觀眾的面前。如果這篇貼文無法獲得演算法的青睞，即使擁有百萬追蹤粉絲，也可能只有 1% 不到的觸及率（接觸到追蹤粉絲的比例），也就是不到 1 萬人會看到這篇貼文。

電子報的訂閱數則完全不同，100 萬名訂閱者如果有一半的讀者會固定開信，就等於每封信會被 50 萬人閱讀。無論克利爾寫了什麼，都知道自己的內容一定會被 50 萬人觀看。某種層面來說，他擁有接觸這些讀者的主導權，他「擁有」這些讀者。相較於其他社群平台的追蹤數、部落格的瀏覽數、書籍或課程的銷量，克利爾最關注的指標，其實是「電子報的訂閱人數」。

當我們退一步觀察就會發現一個驚人的事實：他經營自媒體的所有微型目標，都是以電子報訂閱人數為主。如果我們去細看他的 Facebook、Instagram、Twitter 貼文，會發現每一篇貼文都引導讀者訂閱他的電子報。雖然有些貼文是引導讀者前往他的部落格，但在每篇文章的最後，一樣會邀請讀者訂閱電子報。他接受的採訪、教授的線上課程、撰寫的暢銷書《原子習慣》，全部都看得見他邀請讀者訂閱電子報的痕跡。

要理解這種做法的背後邏輯，必須先認識一個商業世界的專有名詞「北極星指標」（North Star Metric）。

什麼是北極星指標？

許多矽谷創業家說的北極星指標，指的是一家企業「唯一重要」的指標，指引著全體上下，全部朝同一個方向邁進。很多公司都有北極星指標，甚至有人誇口說，只要專注這一個指標就好（One metric that matters）。

例如，Facebook 的北極星指標是「每月活躍用戶」，Spotify 的是「聆聽音樂的總時間」，Airbnb 的是「訂房的總日數」，WhatsApp 的是「傳送的總訊息數」，Uber 的是「每月搭乘數」。任何一家公司在設定目標的時候，一

定會思考自己的北極星指標是什麼，嚴格檢視所有的「行動」都要能夠有助於推動北極星指標，才有執行的價值。

　　克利爾把一切的行動專注於北極星指標，這麼做帶來哪些好處？他的每一篇社群貼文，就是電子報內容的其中一小部分，這些內容用於探測讀者的喜好，觀察哪些內容跟想法會引起讀者的互動。發布社群貼文的同時，也帶來了新的電子報訂閱者。他會在每一篇電子報裡面，邀請讀者將內容再度分享到社群平台上，吸引更多原本沒有訂閱電子報的讀者。愈多的訂閱者，代表更高機率在平台上和他的貼文互動，進而推動他的北極星指標成長。隨後，他推出的書籍《原子習慣》和實體商品《習慣日誌》，自然就引起廣大訂閱者的興趣和購買行為。

　　那我們就會了解他受訪時的回答：「但我之前就知道這個里程碑即將到來，你知道我的意思嗎？」意思就是，當我們總是在前往北極星指標的方向上採取行動，等著我們的就只是「快一點成功」跟「慢一點成功」的差異。

　　對他而言，成功是一種必然，而非偶然的結果。因此我們可以大膽預測，他未來推出的任何新產品或服

務，只會有兩種結果：成功，或者非常成功。

自媒體的北極星指標

一位自媒體創作者的北極星是什麼？不應該是我們不可控制的事情，像是社群媒體的流量、某一個商品的銷售額、接受別人採訪的次數；相反的，應該是我們自己可以掌控、可以努力、可以累積的，像是電子報的訂閱數、提供的產品或服務的客戶留存率。

因此我也採取類似的策略，將社群媒體的所有貼文都設計成引導回「閱讀前哨站」部落格，在部落格的每一篇文章邀請讀者訂閱電子報，接收每週固定更新的讀書心得文章。我也在 Podcast 說書頻道「下一本讀什麼」，每一集的內容和資訊欄中放上連結，引導讀者前往我的北極星——訂閱電子報。[1]

後來接受採訪時，我常被問到一個問題：「是什麼原因促使了我的自媒體事業持續往好的方向發展？」我的回答無疑是「電子報的訂閱人數」，雖然聽起來沒有什麼，但這的確是驅動我的事業持續發展的重要因素。

為什麼有些人很認真採取行動，既忙碌又努力，長期下來卻沒有獲得實際的成效？答案就是「沒有明確的

北極星」，因此所有付出的行動，就只是看似辛苦的「瞎忙」和短期的「勞力」交換。

以簡報教學事業為例，一種人到處接來自四面八方的講座邀約，線下或線上各種型態來者不拒，偶爾在Facebook上面分享一些授課經驗和到處打卡。日子久了，他仍然四處奔波，為了下一場邀約在哪裡而擔心。透過這麼多努力，他或許累積了一些口袋裡的金錢，但是卻沒有創造出能累積的獨特價值。

另外一種人限定自己對每一種產業只接五場講座，然後把每個產業的授課經驗彙整起來，在部落格上分門別類、撰寫不同產業的授課精華。隨著他彙整內容的增長，之後開始出版成書，並且將各產業的授課獨立開來，販售起針對各產業的高單價課程。

所以，在我們設定微型目標的時候，一定得時時提醒自己，這項目標，長期是否能累積成一定的價值？這些目標是否能夠推動北極星指標的成長？以北極星指標前進的微型目標，才會讓我們離長期目標愈來愈近。

社會給你的真正獎勵

　　最後，我們也必須記得：**這個社會獎勵的不是我們的目標，而是我們創造出來的價值**。無論我們寫了幾百篇文章，如果這些文章對其他人毫無幫助，儘管努力達標了也不會收到任何的獎勵。如果我們直播自己玩遊戲的實況，結果噴的垃圾話一點也不好笑，打輸和打贏也沒有任何情緒，那麼就算直播了幾百場遊戲，頻道也不會有起色。

　　只有當我們提供了具體的價值，達成的目標才有意義。獲利是一時的，但價值是一直的。微型目標的用意是讓我們朝著可控的方向持續前進、持續創造價值，藉由累積微小的成就感，產生源源不絕的動力。

行動指南

1. 找到你喜歡的角色楷模，盤點他們花多久時間、做了哪些事情（成功或失敗都可以）、需要哪些技能，問自己「這是你想要的嗎」？
2. 確認自己目前與目標的差距，你可以拆解出可行動的、可量化的微型目標，並採取行動。
3. 如果你有寫日記或子彈筆記的習慣，最好把微型目標拆解成每個月或每週可完成的事，寫進筆記裡，在每天安排新任務時回頭檢視是否達成目標。

1　掃描 QR code 免費訂閱「閱讀前哨站」電子報。每週收到最新的閱讀筆記、好書金句、語音說書、選書指南。

保持動力的三種方法

—— 內在動能

你有沒有過這種經驗？設定一個很遠大的目標，全力衝刺一陣子，達成了某個里程碑之後，突然感到動力全無，結果就放棄了呢？我有，而且不只一次。

我進公司不久之後，看到許多學長和前輩在假日揪團去外縣市跑馬拉松，然後在社群網站上張貼吃吃喝喝的照片，整個行程看起來健康、陽光又好玩。我暗自訂下一個目標，想要像他們一樣成為「身上掛滿獎牌的馬拉松跑者」。

我花了半年時間勤勞練跑，最後用最低標準六個多小時的時間完成了兩次42公里的全馬。儘管達成了這個成就，但我反而覺得有種空虛感，失去了再度參賽的動力，之後就沒有再參加過任何一場馬拉松。

另一次的經驗，是當我看到具有半導體製程背景的前輩，在會議和談吐之間流露出來的自信。由於我是機械背景出身，擅長的是機台軟體和硬體的整合，對半導體製程的認識只停留在很基本的程度，所以每每在和具備豐富半導體經驗的前輩對話的時候，總是感到有點自卑。我也要像他們一樣成為「半導體製程經驗豐富的工程師」。

當時公司開購書團購，我跟風買了一本厚重的《半

導體製程技術導論》，搭配公司內部的教材和基本的人脈，開啟了學生時期的讀書模式。我花一整個月的時間研讀書籍和資料、勤做筆記，書的前三個章節做滿密密麻麻的筆記。但是在職場上，我還是沒辦法跟上前輩對話的節奏，我離他們還是太遠、太遠了。當我回顧這些筆記，想要再度發憤圖強時，卻心裡感到一陣空虛，這好像不是我真正想要的。我闔上書本，任由那本書放在書架上生灰塵。

我當時覺得自己這種「三分鐘熱度」的態度很不可取，但又說不出哪裡不對勁。為什麼明明是這麼好的目標，我卻沒有動力堅持下去？怎麼那麼容易就放棄？仔細想起來，我對這兩項目標的追求，其實都是為了獲得別人的肯定，以及滿足自己的虛榮心。當我回顧這兩項曾經拚盡全力，卻又快速放棄的目標，分別可以看到一些蛛絲馬跡。

我想成為「身上掛滿獎牌的馬拉松跑者」，這是一種外在動機，再進一步想，我為什麼想要成為馬拉松跑者，是因為希望自己被認可成成功人士的模樣——陽光又熱愛運動和享受人生，我的內在動機其實是為了滿足自己的虛榮，變成自己渴望成為的人。實際上，我感興

趣的運動是從學生時期就一直練習的國際標準舞，舞藝的精進、與國標社團和舞伴的關係，才是我真正重視的。後來我將跑步這項運動，轉變成偶爾跑三、五公里的體能訓練，為的是輔助我跳舞。

我想成為「半導體製程經驗豐富的工程師」，這是為了克服自己的自卑感，我認為獲得前輩的認可，在頂尖的半導體公司中就不會矮人一截。但是我真正花最多時間投入、最有動力的，反而是剛進公司就在做的自動化軟體開發和硬體機械設計。我喜歡精進軟硬體整合的能力，在乎使用我開發出來的產品的使用者。

當我對這兩個目標的追求只停留在很表層的原因，一旦獲得了初步的成就（能跑完馬拉松），或者遭遇到小小的挫折（跟不上前輩的對話），很快就感到空虛、不耐，最後放棄。然而，若我們心中有一個打造工作的長期目標，想要成為那一個更好的自己，就得保持穩定地前進，不輕言放棄。因此必須找到一些方式，來讓我們保持動力。

我相信凡事都得先從自己的「內在」開始改變，然後再逐漸「向外」拓展。我從一個著名的心理學理論「自我決定理論」（Self-determination Theory）了解

到，要成功達成目標的關鍵，很少是源於外在動機，多半都是從內在動機出發，而內在的動機和與生俱來的心理需求有關。追求心理需求的滿足，也是促進我們潛能成長和自我實現的必要元素。

基本心理需求分為三種：自主性（Autonomy）、勝任感（Competence）與關聯性（Relatedness），當我們的努力能滿足這些需求時，不論別人讚賞與否，我們都會感到真正的滿足。也就是說，當我們想打造自己的夢幻工作時，要先有一個自主的生活態度，在特定領域持續學習，最後對別人產生助益，和世界建立起互利的連結，就能夠保持源源不絕的動力，在這場長期遊戲當中走得更好、更穩、更遠。

Step

6

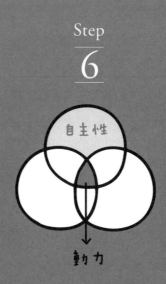

掌握人生主導權

自主性

所謂有意識的生活，是在他人的決定影響我們之前，先為自己做主的本事。

——李奇‧諾頓（Richie Norton）

‧‧‧‧

「活在當下」的陷阱

你常聽到「活在當下」這個蔚為風潮的說法嗎？我真心認為，「活在當下」是一個很容易被誤解的詞彙，而且這個觀念的背後，埋藏著一個危險的陷阱，一個害我差點爬不出來的陷阱。

我曾經很羨慕那些不到二十歲就知道自己人生目標的人，他們很快就踏上一條充滿熱忱的道路，用看不見車尾燈的速度疾駛而去。而我呢？說真的，打從讀大學選科系到真正進入職場工作，我都處於一個「不知道」的迷茫狀態。

大學選系前，我只知道考試盡量拿高分，填選志願

就填那個分數能上的最知名學校。研究所前，我只知道「魔獸三國」的黃忠中路無敵，可以推甄到哪個最好的學校系所就去讀。上班那麼忙，下班可以連上「暗黑破壞神三」就是小確幸，工作只要盡力做、有錢領就好。

我當時不知道怎樣才叫做有目標，也不知道自己真正想做什麼，既然如此，就走最標準的路線：讀一個好大學、做一個好工作、賺一份好薪水。我也不知道未來會如何，當時唯一遵循的信念，就是在每件事情、每個專案、每個階段都發揮自己最好的表現。

因此我自以為擁抱了「活在當下」的心態，完全專注於眼前的工作，不去管過去做得好不好，也不管未來的發展會如何，我相信船到橋頭自然直，事情總會被解決，鳥事總會熬過去。

當工作有突發狀況，我願意取消很久以前就安排好的出國行程，反正以後再去也可以。跟別人的聚會爽約了，我會不帶愧疚感地說聲抱歉，都是因為工作太忙了。女友問我下一個節慶要去哪邊度假，我裝死不答，反正她如果真的想去，她就會安排好所有行程。我就這樣「活在當下」好長一段時間。

如果生命是一輛車，當時的我就是車上的乘客，將

方向盤全部交給自動駕駛，任由它帶著我到處橫衝直撞。我只要盡情地活在當下，認真工作、獲得升遷、賺到更多的薪水，一切都會迎刃而解的，是吧？

才不是。

拿回人生的方向盤

歷經好長一段時間的自我懷疑，我才驚覺自己貌似成功的人生背後有著巨大隱憂：缺乏全盤的規劃與自主、任由環境支配自己的生活、沒有願景與夢想的窮忙。

活在當下是一個陷阱。我認為那些老是聲稱自己「活在當下」的人，可以分成兩種類型：第一種是對過去進行回顧和反省，對未來胸有成竹，因此在當下活得十分從容的高手；第二種則是對生活漫不經心，走一步算一步，「只關心顧自己死活的混蛋」（這是女友曾罵過我的話）。

贏家和輸家都一樣「活在當下」，但是背後的心態卻大不相同。**能夠瞻前顧後又把握當下的人，是對自己人生負責的駕駛；總是顧此失彼只願活在當下的人，是任由人生迷航的乘客。**

如果凡事缺乏計畫，還強迫自己活在當下，就像是閉著眼睛過生活；如果不對過去進行回顧和反省，還催眠自己活在當下，就是對生活心不在焉，忽視了成為更好自己的可能。我們該如何擺脫這個陷阱，學習自主駕駛自己的人生？

自主第一步：建立晨間習慣

你早上起床做的第一件事情是什麼？

如果我們是一起床就拿起手機，接受來自四面八方的數位資訊轟炸，這個看似簡單的動作會支配我們一整天的狀態，似乎在告訴自己「手機上的東西比我自己還重要」。

我以前也是這個樣子，總是滑完手機之後就急著出門上班，然後一路上掛心今天會發生的事情、要舉行的會議、該處理的任務。結果我常常帶著混亂的心情抵達公司，然後又在忙亂的工作當中結束一天，回想起來又好像什麼重要的事情都沒有完成。

然而，事情大可不必這樣。我們可以透過建立晨間習慣，重新掌握人生的主導權，把自己放在第一順位。

研究指出，早晨醒來的這段時光，往往是專注力最高、精神最好的時候，因此需要生產力和創造力的活動，適合安排在這個時段進行。無論是運動、冥想、寫作、閱讀，或者是享用早餐，擁有一套規律的晨間習慣，是建立自信心與主動心態的不二法門。

　　我曾經被讀者問：「為什麼一定要安排晨間習慣？我是天生夜貓子，難道我不能安排深夜習慣嗎？我晚上把事情做完，隔天醒來直接出門上班就好了呀！」當然，要選擇在早上或晚上進行規律習慣，完全是每個人的自由，但是起床後安排固定的規律習慣，我認為有它的道理在。

早起是為了善用有限的注意力

　　因為一個人一天的注意力是有限的，這個注意力經過一整天的工作消耗之後，往往在傍晚被消磨殆盡。所以若舉上班族或學生為例，我認為堅持晨間習慣才是比較理想的。尤其，像我以前在科技業工作的時候，工作往往是責任制，每一天都要迎接不同的挑戰，當天會不會額外加班都是未知數。累積一整天的疲勞下來，回家常常是注意力渙散，只想讓腦袋沉澱、休息。

因此選擇晚上才安排規律習慣的缺點是，白天工作的勞累程度「不是我們可以控制的」，我們很難確保下班之後還剩下多少精神。有時候工作一忙起來，又碰到緊急狀況要處理，下班之後真的會累得不成人形。當我們每天要面對「不確定性極高」的精神品質與下班情緒，就對習慣養成造成負面的影響。我們最不希望見到的就是，因為工作關係放棄了幾次之後，就無法堅持這習慣了，在幾次循環下對自己也愈來愈沒自信。

　　反之，選擇晨間習慣則完全不一樣。我們幾乎可確保只要遵守規律的就寢時間，早晨醒來的時候，精神品質和心情都處在最佳狀態，然後進行設定好的習慣。如此一來，我們每天幾乎可以用相同的精神品質來執行晨間習慣，不容易受外在因素影響，也形成保持習慣的良性循環。

　　我的晨間習慣是，利用早晨醒來一直到出門的一個半小時（我設定是早上六點到七點半），先做一段三十分鐘的瑜伽，然後閱讀一本感興趣的書，最後保留十分鐘的時間用日誌規劃行程，決定今天必做的三件重要事情。

　　這個習慣讓我覺得自己的每一天就像是「日常生活的人生勝利組」，在別人還沒出門的時候，我就已經完成

了最基本的運動、閱讀和規劃。而且這種自動自發的習慣，讓我擁有人生的自主性，以及生活的掌控感，從容不迫地面對一天的展開。

自主第二步：建立筆記系統

正當我因為太過於活在當下，生活陷入一片混亂和迷茫的時候，我遇到了改變我一生的工具：子彈筆記法。[2] 這個工具代表的不只是字面上的「筆記」功能，而是一套幫助我找回正確生活態度的系統。

子彈筆記法的創立者瑞德・卡洛（Ryder Carroll），在幼年時患有注意力缺失症，因此難以專心於任何事情。他試著用手寫筆記的方式來克服分心的狀況，經過反覆試驗之後，整理成子彈筆記這套方法，可以幫我們強化注意力、增加生產力、達成預定目標。

我當初被這套方法吸引，就是因為它號稱能夠追蹤過去、釐清現在、設計未來。這不正是我最需要的嗎？因此我開始嘗試子彈筆記，記錄每一天自己「完成」和「未完成」的任務，分別在早、中、晚三個時段，規劃和檢討當天的任務，並且在每個週日傍晚挪出十分鐘的時

間，除了回顧當週的進展，同時也安排下一週的重點任務。**頻繁的回顧有助於未來優先序的排定。**

漸漸地，我不再擔心有突發事件或者是臨時的邀約，因為我可以隨時翻閱子彈筆記，依據我的長期計畫來做出短期的調整。自從有了一套讓我能執掌生活的筆記系統，我知道要如何運用每一時、每一天，更確實地朝長期目標邁進。

我也使用子彈筆記同時兼顧了正職工作和斜槓創業的發展，子彈筆記的精神在於「主動規劃」自己的生活，就算在職時只能用下班時間經營說書，我仍設定自己每天必做的三件事，除了工作外，一定要有一件是為了我的長期目標而做的事，雖然一天只能做一件事，但日積月累下來，我竟真的達成了目標。

當我們能主動規劃，而非被時間、事情追著跑，我們會更願意、更有動力、更有韌性地面對未來挑戰。用子彈筆記規劃生活，就是一種有自主意識的生活方式。

子彈筆記的極簡用法

當時我在網路搜尋「子彈筆記範例」，映入眼簾的是各種花花綠綠的漂亮筆記和格式，我想這也是當時颳起

流行旋風的原因之一。我一開始想要學其他網友分享的寫法，在每一頁畫上插圖，把筆記本弄得精緻美觀。

試寫了一個多月之後，我開始意識到，我不是要用子彈筆記來繪畫的，我要的是它的「功能」。我重新檢視一次需要的功能：追蹤過去、釐清現在、設計未來，把其他所有跟這三件事情不相關的元素全部移除，捨棄了各種華而不實的格式，調整出一個符合這三項功能的極簡版面。一個好的筆記系統要很簡單，因為簡單才能持久。下面列出了去蕪存菁後，我保留下來使用的項目。

1. 十年願景與兩年封面故事

我認為「以終為始」是至關重要的心態，所以我將十年願景和兩年封面故事的練習，直接寫在筆記本的最前頁。

這個做法是用來提醒自己：我擁有一個更大的願景，必須以長期目標來驅動和引導我每年、每月乃至每天的生活，幫我勇於做夢，敢於執行。

2. 年度目標

「年度目標」是我們一年內想完成的目標。

我會根據十年願景和兩年封面故事的內容，拆解出有可能在一個年度內能夠完成的目標，然後規劃到生活

當中的各種分類，以我自己的分類為例：健康、感情、家庭、紀律、工作、部落格。每個分類都圍繞著前面更遠大的目標來設定。

為了避免「新年新希望症候群」，每年立下目標卻都半途而廢，我將年度目標劃分為較小規模、各自獨立的目標。就像把馬拉松分割成數段百米短跑，這個方法在軟體開發產業稱為「衝刺」（Sprint），每完成一個階段性任務，就逐項檢討與改善，然後再展開下一次的衝刺。

我會每月、每週固定回來翻閱年度目標，檢視自己哪邊進步了、哪邊仍需加強。然後轉移到當月目標以及習慣追蹤格（Habit Tracker），持續落實到每天的生活中。

3. 未來誌

「未來誌」是安排未來每一個月的行程。

這個功能讓我們提前規劃行程、安排重要事件，並判斷未來待辦事項的重要性。我能一目了然這年度的所有重要事項，以及這些事項預計發生的時間。

4. 月誌

「月誌」是規劃未來一個月的行程。

我會先依據未來誌的規劃，在月誌的左半部寫上某個日期要執行的重要任務，然後每週日回顧一次月誌，

思考下一週是否有需要新增或移除的項目。我還在月誌融合了習慣追蹤格，幫助我養成了幾乎每天做瑜伽、閱讀、寫筆記的習慣。

在月誌的右半部則是條列當月重點目標，或者把上個月的未完成事項「轉移」過來繼續執行。如果一件事情轉移了太多次都還沒被完成，它要嘛一點也不重要，不然就是自己擺爛太多次，透過筆記，我們可以進行更精準的反省。轉移事項時，要重新檢視所有的任務，刪除不必要的任務。我們最終目的是脫離人生自動駕駛模式，不再將寶貴時間浪費在沒有價值的事上，逐步刪除令人分心的事物，專注當下，更快達成我們的目標。

5. 日誌

「日誌」是規劃未來一天內的行程。

我在試用子彈筆記前期的實驗階段發現，如果我放任自己隨興書寫，日誌的項目常常會某天太多、某天太少，很難保持一致的品質和動力。我四處搜尋適合的格式，最後得到一套讓我持續用了四年的方法：每日寫下一個自我肯定、三個重點任務、三個感恩、一個檢討。

- **一個肯定**：我最常肯定自己無論天氣是雨是晴，面對生活的熱情不變。

- **三個任務**：我會安排兩個工作任務、一個私人任務。不求多，重點是確保能完成。
- **三個感恩**：讓我更專注於人際間的溝通與互助，用心觀察以前不曾注意的細節。
- **一個檢討**：回顧當天任務的完成狀態來檢討改善，為的不是苛責自己，而是讓下一次能做得更好。

日誌督促我每一天透過反省持續進步，透過微小的行為慢慢累積，朝最重要的目標邁進。

手寫子彈筆記的好處

我認為子彈筆記真正的特色，就是能幫我們達成追蹤過去、釐清現在、設計未來。

對於「過去」，每當我要撰寫日誌的當天任務時，我會先往回翻閱月誌，然後才設定符合目標方向的任務。在每月月初要撰寫新月誌時，我會先往回翻閱上個月的月誌進行檢討，然後翻閱未來誌和年度目標，再設定符合目標方向的當月任務。在撰寫新的筆記、下一個年度的年度規劃時，我會回頭翻閱前一年寫過的子彈筆記，檢視完成和未完成的項目，並且調整新一年度的目標來對齊十年願景和兩年封面故事。

對於「未來」，每當我要寫下新的目標和任務時，我可以依據過去的反省經驗，對未來的規劃做出更準確的安排。我會知道自己對於什麼事情比較擅長，容易達標，也會知道自己總是在哪些地方滑跤。所以當我在規劃未來的事情時，我的心中自然有一把衡量的尺，對事情的成功率有一個初步的判斷。也因為持續對生活進行規劃和調整，我對未來即將發生的事，也能夠做好充足的實質準備和心理準備。

對於「現在」，我們常聽到別人建議要每天自我肯定、感恩別人、反省自己，這件事情其實沒有這麼難。透過撰寫日誌的習慣，就等於每天都在做這些重要的事，不是偶爾想到才做，甚至連做都沒做過。正因為對於過去的反省和檢討，加上對於未來的規劃和準備，我們更可以心安理得地「活在當下」，專注在眼前最重要的事情。

如果已經有常用的數位筆記軟體或其他的記錄方式也很好，試著把這三個功能融入你所用的方式中。如果是手寫子彈筆記，還會額外帶來兩個好處：

- **擁有專注的個人時間**：身處數位時代的人們，經常同時間處理太多事情、注意力太過分散。手寫筆記有助於我們抽離爆炸的資訊一段時間，關閉窮忙的

自動駕駛模式，專心在自己身上，檢視優先順序。

- **激發聯想創新、思考的能力，獲得新的洞見：**手寫
  筆記的過程讓我們放慢思考步調，讓自己最深層的
  意識有時間好好說話。

自主是一種生活哲學

一個擁有自主性的人生，就是擁有自己的「生活哲
學」。當我們建立了每天都會執行的良好習慣（例如晨間
習慣），並且採用可以幫助我們執掌生活的筆記系統（例
如子彈筆記），我們對自己想要追求的夢想、想要完成的
目標，就不會感到那麼恐懼。

因為我們知道每一天都能夠透過自主規劃的方式，
一步一步地實踐目標。而且我們能確保自己每天小步前
進，即使中途荒廢了一小段時間，也能找回原本的計
畫，重新檢視和規劃之後，繼續下去。

當我們對過去、現在和未來有了充分的掌握和理
解，就更能夠自主地、有意識地生活，形塑一個更完整
的自己。

1. 保留一天當中精神最好的一個小時給自己，建議能夠早上的時間最好，將這段時間視為最高優先，做最重要的事情。
2. 可以每兩個禮拜做一次實驗，在不同的時段安排自主時間，看看有沒有不同的效果。
3. 不論你想使用紙本或數位工具，現在就建立一套幫自己追蹤過去、釐清現在、設計未來的筆記系統，就能更從容地活在當下。

2　如果你對完整的子彈筆記圖文教學有興趣，可以參考我的這兩篇廣受讀者歡迎的部落格文章：

勝任感

動力

學習是種超能力

勝任感

學習不是挖掘某人潛力的方式，而是開發這種潛力的方式。

——《刻意練習》（*Peak*）作者

安德斯·艾瑞克森（Anders Ericsson）

· · · ·

一生最重要的能力

很多人會擔心現在的自己，還沒有任何稱得上「專業」的領域，因此常覺得自己無法勝任，這種心態會讓我們滯足不前，覺得自己永遠不夠格。另一些人是憑藉著自己的專業，傳授和教導知識給別人，但是有一點需要注意的是，如果我們只是持續掏空自己的專業，不斷輸出卻缺乏輸入，那麼時間一久，就會發現其實只是在吃老本，反而會覺得自己愈來愈不勝任。

我們來試著思考一個問題：「一個人的一生當中，最重要的能力是什麼？」

是專業能力嗎？是溝通能力嗎？是演講能力嗎？我認為最重要的是「學習的能力」。一個掌握學習方法的人，更容易達成生活中各種領域的進步。一個人最重要的能力，是掌握如何學習，也就是「獲得能力」的能力。

當我們看見了長期要前往的目標後，往往會發現自己有許多的能力還不足夠，有很多的專業和技術尚待學習。也就是說，「現在的我們」距離「未來那個已經打造出夢幻工作的我們」之間，還存在著專業和技能上的落差，而學習就是幫我們弭平這段落差的方法，當我們精進自己，能夠戰勝眼前的挑戰時，也會同時感到樂在其中，這就是勝任的滿足感。勝任感的發生，並不是掏空我們已經知道的東西，而是在學習新東西的過程中，自然而然地浮現。

破除學習迷思

我的說書事業從無到有，一路上都是自己校長兼撞鐘，老闆兼員工（我非常樂在其中）。有很多讀者寫信問我：「瓦基，要達成你現在的程度需要會好多種技能，你原本就會這些技能嗎？你是怎麼無師自通的？我該怎麼

學？該跟誰學？」

我的回答是：「我原本都不太會，是靠自主學習才逐漸學會的。」說起來很簡單，但做起來卻不容易。

像是架設部落格，原本我以為要學到很高深的程式編寫技巧，但是實際開始學、開始做，才發現不需要寫程式碼，而是利用簡單的免費套件，就可以組合出一個最基本的部落格網站。隨著每次遇到新的問題、尋找答案和解決難題的過程，一磚一瓦地建構出心目中的部落格模樣。等到能力逐漸提升，再開始嘗試更進階的做法，購買付費型的服務。回想起來，我最享受的就是從無到有的摸索過程，這種樂趣是任何學校或課程都無法提供的。

有一句話說：「領導者都是終身學習者。」學校和老師不會教我們一輩子，我們追隨的人生導師也有可能隨著時間發生改變，與其被動等待別人餵養我們資訊，主動出擊才是新時代的生存之道。

我們可能會認為，那些無師自通的「達人」，一定是有著過於常人的智商，或打從娘胎生下來就上知天文、下知地理。我們可能也想過，「自主學習」這件事聽起來很難，尤其在沒有老師的帶領下，更是難上加難。有待

我們破除的學習迷思，我歸納為以下四點。

1. 天賦和智力不是必要條件

很多事情只是我們現在「還不擅長」而已，一旦掌握學習的方法，任何人幾乎都能學會任何的技能。無論我們對那一個學科和專業的天賦是高是低，只要懂得學習的方法，願意投入時間和精力，加上適當的指導和回饋，我們能精通任何領域。

2. 特定的方式不是必要條件

每個人都有適合自己的學習方式，有些人喜歡靜靜地讀文字，那就適合透過閱讀學習。有些人喜歡看動畫、影片，那可能適合看線上課程學習。當一個教材以最適合的形式呈現給學生時，學生的學習效果才會最好。沒有最好的學習媒介，只有最適合的。

3. 特定的動機不是必要條件

如果我們想等到靈光乍現的動機出現，才開始學習的話，可能會在等待中錯過很多事。重點在於擁有「自信」，相信自己有能力達成目標、克服困難，相信自己能夠學會任何一項自己真正在乎的事情。

4. 學習的時間不是必要條件

自從知名的「一萬小時理論」被麥爾坎‧葛拉威爾

（Malcolm Gladwell）引用成「專精一項技能的必備時間」之後，拚命累積學習時數成了一些人的迷思。然而，想學會一項技藝，學習的「總時間」其實是次要因素，學習的「高品質」才是主要因素。先有高品質的學習，再搭配長期且持續的投入，才能發揮最大的學習成效。懂得自主學習的人，能化被動為主動，追求更有效率的學習方法，讓自己學得更好、更快。

我的夢幻工作從「學習寫作」開始

對於我的夢幻工作「傳遞閱讀的美好」而言，必須先創造內容，再把它們傳遞出去。我進一步整理之後發現，我能夠創造的內容類型，可以是部落格文章、錄製語音、製作圖像、拍攝影片，而這些內容之間又有一個共通點，它們都需要「文字稿」。

有文字稿，我就能寫出一篇部落格文章。有文字稿，我就能錄製成語音。有文字稿，我就可以抽出其中的關鍵字，製作成精美的圖像。有文字稿，我就能轉換成拍攝影片的腳本。文字，是內容創作的根本。

對身為內向者的我而言，這個發現簡直就是福音，

因為我不喜歡拋頭露面，也不擅長面對鏡頭，加上影音製作無論在時間和金錢成本上，都遠高於文字。當時仍有正職工作的我，特別缺乏時間，因此選擇以文字做為出發點。

學習「寫作」這門技藝，是我所要面對的第一個最重要的課題，然而不論學習任何事物，都需要先掌握「如何學習」的能力。我如何從沒有寫作基礎開始學習，到後來可以固定產出長度和深度兼具的閱讀心得文章？

學習第一步：找到自己認可的價值

誰都有過這種經驗，就像我跑馬拉松一樣，一開始對學習新事物充滿了期待，但是過不了多久就開始提不起勁，漸漸失去興趣，最後不了了之。這反映出許多人對於學習的態度，其實是「為學而學」。

上司說這個專業有用，去學。朋友說這個技能很炫，去學。家人說這個技術以後能賺錢，去學。當我們學習的驅動力是來自於別人心中的價值，而非我們內心真正認可的價值時，就很容易半途而廢。

美國教育研究專家、《學得更好》（*Learn Better*）作者

烏瑞克‧鮑澤（Ulrich Boser），根據他多年來對學習的研究，下了這麼一個定論：「價值是驅動我們去學習的終極燃料。」當我們下定決心想要學好一件事情，就得先搞清楚自己「為什麼」要學這件事？學好這件事情可以用在哪裡？可以幫助到誰？可以帶來什麼樣的效益？可以創造出什麼價值？當我們知道學習這件事情的價值是什麼，就知道自己「為何而戰」。

學習動機包含利己與利他

以我自己為例，我想學習寫作的最重要價值，是為了達成「傳遞閱讀的美好」。

直到三十歲才愛上閱讀的我，發現閱讀帶給我莫大的改變，也帶給我許多思想上的衝擊，因此起心動念想透過自己棉薄之力，盡可能地把我從閱讀中體會到的美好，透過文字傳達出去。我也發現在跟朋友聊到理財、工作、學習等話題時，很容易勾起我的興趣因此滔滔不絕。有時我會想，既然我能這樣表述自己的看法和意見，也頗能引起共鳴，何不記錄下來讓更多人可以看到？更何況，若因此得到不同的意見反饋，那更是難得的收穫。所以我開始精煉從書中學到的知識，寫下自己

的理解和洞察，透過我的分享讓別人也能體會到閱讀的好處。這就是利他的動機。

其次是利己的動機。無論在職場、生活上，我都期許自己成為一個值得追隨的領導人，好的領導我認為是「能夠影響多少人」。因此我選擇架設部落格，並且公開發表自己的文章，這個做法除了帶來社群的交流，得到不同的回饋與意見，也在社群上累積影響力，讓我更能保持書寫的動力。此外，每當我閱讀後有所體悟，試著藉由寫作表達出來的同時，也改變或強化了自己的觀點，整合成新的觀點。就像一次又一次的心智鍛鍊，讓我不斷成長，對思考進行更新。

釐清學習的價值與動機，就像為學習加足燃料，可以不斷驅動自己往前邁進。當我們想要學好一件事情，可以問自己：「學會這件事情，會為我周遭的人帶來什麼影響」、「我學這件事對自己的幫助是什麼」、「利他和利己兩者動機彼此相輔相成，還是彼此衝突」。

學習第二步：設定明確的目標

根據一項有趣的統計數據，有 92% 的人沒辦法完成

年初時許下的「新年新希望」。還有一項研究指出，有設定具體目標的受試者中，高達 62% 的人實現目標；而沒有設定目標的那組，僅 22% 達成目標。

這個世界充滿了被遺忘的新年願望、寫到一半的書、幾乎快要完成的減重、即將開始的創業。我們要記取新年新希望的教訓，如果一心想著設定遠大又崇高的目標，或者讓人刮目相看的目標，通常很難達成目標，一旦我們設定了錯誤的目標，對學習只會帶來反效果。

制定學習目標與 Step 5 設定微型目標，有異曲同工之妙，最重要的是設定自己可以掌控的目標，也就是難度適中、可達成、有持續進展的目標。

最適合自己的，才是最好的目標

制定寫作目標之初，我並沒有硬性規定發文頻率，剛開始在 Medium 寫作平台發表文章的時候，總是有一搭沒一搭的，頻率平均是兩週一篇，而且也不太規律。當時我覺得自己寫了一陣子，卻沒有很明顯的進步。我有考慮過是否要「日更」文章，每天發表一篇比較簡短的心得，來加速學習寫作的速度。

根據實際做過的網友分享，日更的確是一件很有成

就感和充滿收穫的事情，而且願意公開日更計畫且堅持下去的寫作者，往往會獲得更多讚賞和肯定。但我知道自己的文字底子還不夠好，加上科技業每天上下班時間不固定，我有預感，如果貿然定了一個這麼高難度的目標，最後很可能無疾而終。

所以我試著從比較長遠的角度來看，如果降低頻率，但是維持穩定的寫作，長期下來仍然會累積成一個很龐大的練習量。如果每天閱讀 20 頁，一年就讀了 20 本書。如果每天發表 200 字，一年就寫出 1 本書的文字量。如果每週寫 1 篇文章，一年就成為了擁有 50 篇文章的部落客。

我仔細審視內心對於目標的期待，得出了一個領悟：對強度（Intensity）的追求，是期待曇花一現的亮麗，是來自外在的讚賞和肯定；對一致性（Consistency）的追求，是期待緩慢累積的成果，是來自內在的承諾和堅信。

強度或許產生激情和動力，但唯有一致性才會產生成果。如果想達成目標，一致性遠比強度重要許多。

因此，我改變了策略，決定降低強度，改從一致性著手。堅守從《如何閱讀一本書》（*How to Read Book*）這本書中學到最棒的一課：「唯有自律才能帶來自由。」開

始要求自己每週發表一篇 1,500 字以上的文章。即使平日工作再忙，都要抽出時間寫筆記、整理文章。如果平日來不及寫完，拖稿到週五、週六仍然要挑燈夜戰，完成對自己許下的承諾。因此我深刻體會到，保持平日的自律，才能享有假日的自由。持續發表文章，是自律；發表之後的暢快愜意，是自由。

學習第三步：從模仿和回饋中成長

模仿，是練習基本功的起手式。我剛開始學寫作的時候，對寫作只有一個「起承轉合」的粗略概念，但我知道這遠遠不夠。因此找了大量關於寫作的書籍來閱讀，向這些作者學習他們的寫作方式，直接模仿他們怎麼寫、怎麼做。

我讀《自由書寫術》（*Accidental Genius*），設定每一天用固定的自由寫作時間，持續產出大量文字，而不用擔心文字品質。我讀《寫作，是最好的自我投資》，練習書中各種寫作框架。我讀《高產出的本事》，一次學到了十多種寫作框架，每一種都有各自的用途。我讀《九宮格寫作術》，學會無壓力的一問一答式寫作方法。我讀

《讓寫作成為自我精進的武器》，領略了萬能寫作框架，可以靈活運用到各種情境。

在這個階段，我練習的不是文筆的優美，也不是故事的精采程度，只是按照書中的教學步驟，一步一步照著做。我從不同的作者身上，學不同的寫作框架，並針對每種框架分別練習，直到熟練。漸漸地，我知道該如何重新組合讀書筆記，再用自己理解的順序去呈現，最後套用某一種框架寫出一篇完整的文章。

在模仿的過程中，我也逐漸了解到哪些框架特別實用，哪些框架較不實用，如同職人簡報培訓專家劉奕酉曾經說過：「使用框架是為了跳脫框架，發展出自我的思考脈絡。」我先透過學習框架扎穩馬步，再尋找機會發展自己的招式。

把失敗當成一場實驗

模仿一陣子後，可能會遇到停滯不前的瓶頸，要如何突破學習的瓶頸呢？就是持續做「實驗」。

學了各種框架之後，我試著採用不同的文體和架構去寫每一篇讀書筆記，再發表到部落格上。我當時抱持著一種「做實驗的心態」，觀察哪一種文體比較容易獲得

讀者青睞,哪種架構獲得比較多迴響。當我發表了許多篇文章之後,自然會有熱烈迴響的文章,以及乏人問津的文章。

只是在練習過程中,難免有質疑自己能力的時候,比起反應好的文章,反應慘澹的文章更容易糾纏著我。我也曾質疑自己的寫作能力是不是一直原地踏步,困惑自己的寫作方式會不會流於死板。每一篇乏人問津的文章,就像是一個失敗的戳記蓋在我心上。

但我記得,要把每一次失敗都當成一場實驗,重要的是要從中學到東西。我把反應慘澹的文章拿給家人和朋友看,並且問他們讀完之後有什麼感想,得到許多寶貴的回饋,例如,故事性不足、文字太生硬、沒有寫到讀者在乎的事等,這些回饋讓我知道自己的不足,也讓我在下一次寫作的時候,有了調整的方向。

聽取有建設性的回饋

《刻意練習》強調一個重要觀念:「得到意見回饋是非常重要的一件事,因為這能夠幫助自己進行修正和改善。」要提升一項技能,除了大量的練習之外,還要搭配高品質的回饋。我始終很感謝對我的文章進行回饋與交

流的讀者，其中有許多建議和指教都幫助我變得更好。

在質疑自己的時候，我也會試著回顧學習的價值，發現影響別人體認到閱讀帶來的好處，首要條件是別人要先看得懂我想要傳達的。我必須把文章寫得簡易好懂，而非著重華麗的文藻，或是變化豐富的文體，「別人能不能讀懂我的文章？」才是唯一有價值的衡量指標。

因此，我做實驗的重點不是看這篇文章的「成效表現」，而是檢討自己對「技能的掌握度」是否有進步。透過持續的實驗和回饋，我努力將自己的文章寫得更好讀、更好懂，如此一來才能影響到更多的人。

重點在於精通技能，而非追求表現。

一直以來，我沒有把自己的寫作定型在某一種特定的文體，反而更想要廣泛地嘗試和衝撞，探索更有趣的寫作方式。當我們透過模仿熟練技能，持續做實驗，並聽取有建設性的回饋，能力提升是自然而然的事。

學習第四步：教導別人加深記憶

科普作家安妮・墨菲・保羅（Annie Murphy Paul）在《在大腦外思考》（*The Extended Mind*）分享一個有趣的案

例。在挪威，有一項針對 24,000 名 18 至 19 歲男性的研究指出，長子的智商平均比弟弟高出 2.3 分；排名第二的弟弟，又比排名第三的弟弟高出 1.1 分。研究人員排除了幾種可能的原因，例如營養比較好、父母給予的關照程度不同等。最後發現，排名愈年長的孩子智商分數較高，是因為一個簡單的事實：哥哥會教導弟弟。

她進一步說明：「教學者為了解說內容，必須把自己不清楚的細節向對方說明白，同時也會看見自己在知識和理解上的衝突。在解說關鍵的細節時，會不自覺地動用更深層的心智工具。」

教別人就是應用知識，透過講授某一主題，提供自己對這個概念的理解，並用自己的話說明重點。教學者在輸出的意識下研讀資訊，大腦會進行更徹底地整理，在教學過程中，教學者比自學者學習到更多。

我很認同「教學相長」，尤其是接觸新概念時，若想要達到可以教別人的程度，必須讓自己有更深刻的理解才辦得到，這時候，就是提升技能的好時機。

學習第五步：與自己產生連結

　　最後需要將學習到的知識內化，把學習的事物與自己形成連結，成為自己的行動、觀念、態度、價值等。

　　我喜歡把閱讀到的所學所聞，拿來跟自身的經驗和想法做對照，閱讀的過程經常停下來問自己，「這本書跟我有什麼關係？」或者「我想從書裡學到什麼？」在寫作的過程中，我也會問自己諸如此類的問題，透過與自己產生關聯，讓寫作的內容更個人化，帶來反思與回顧的效果，偶爾還能迸出嶄新的想法。

從「別人說」變成「我認為」

　　過去二年多來，我在部落格上陸續分享了 200 篇讀書筆記，得到一個很有意思的體會：「整理資料會帶來精闢見解，整理讀書心得也是」。那些整理懶人包的人，想必對於主題有深刻和廣泛的了解，才能整理出懶人包。寫讀書筆記也是，寫的當下愈是千頭萬緒、難以下筆，釐清條理後寫出來的成就感愈大。或許，沒有無法評價的書，只有不知道從什麼角度切入的讀者。

　　一篇好的書評，會說明我從書中吸收了什麼，重點

放在閱讀之後的改變，而非只有書本的內容。也就是把作者闡釋的道理，連結過去的經驗，變成從自己的角度去理解，當我可以從「作者說」變成「我認為」時，表示書中的知識已經化為我的想法與行動。

把腦中的思考脈絡畫出來

另一種建立連結的方法，是透過「視覺化」的方式呈現。舉我寫過的《與成功有約：高效能人士的七個習慣》（*The 7 Habits of Highly Effective People*）這篇閱讀筆記為例，我讀完這本書之後，其實看不太懂作者把七個習慣塞進一張圓形的圖，是表達什麼意思。

所以我重新思考，發現這些習慣對於我們個人來說，是一種「由內而外」的發展順序。同時，我聯想到當時我一直著迷於「信任」和「值得信任」的主題，跟這些習慣有很強的關聯。於是，我照著自己理解的脈絡，重新繪製一張用「信任」貫穿七個習慣的圖表。

我很習慣在一邊寫作、一邊回想的過程中，在腦海中挖掘以前讀過的書，跟目前讀的書或者寫作的內容，有什麼關聯？我會先回想那些書籍跟我在寫的東西，有什麼「相同」，再回想有什麼「差異」。透過這樣的模

圖9 柯維強調由內而外建立七個習慣

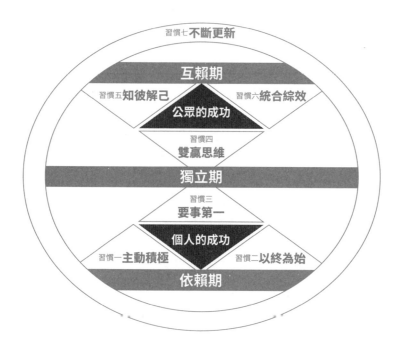

習慣七 **不斷更新**

互賴期

習慣五 **知彼解己** 習慣六 **統合綜效**

公眾的成功

習慣四
雙贏思維

獨立期

習慣三
要事第一

個人的成功

習慣一 **主動積極** 習慣二 **以終為始**

依賴期

資料來源:《與成功有約》

式,建立許多觀點之間的連結,找出我感興趣的議題,進行自我辯證與論述。這樣的過程,也會改變我思考某個事實或概念的框架,形成自己的思考系統。

圖 10　瓦基用「信任」貫穿七個習慣

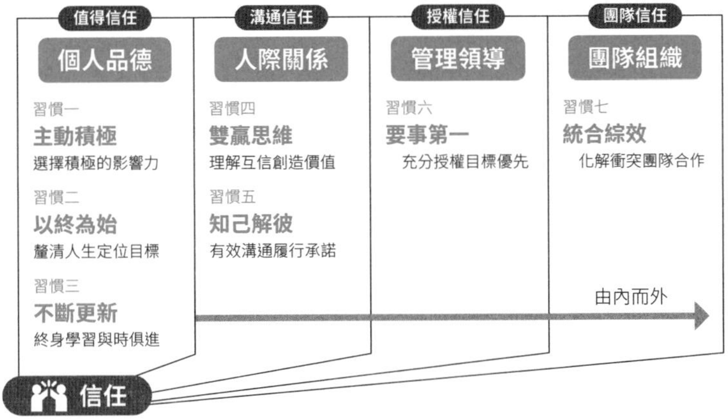

值得信任	溝通信任	授權信任	團隊信任
個人品德	**人際關係**	**管理領導**	**團隊組織**
習慣一 **主動積極** 選擇積極的影響力	習慣四 **雙贏思維** 理解互信創造價值	習慣六 **要事第一** 充分授權目標優先	習慣七 **統合綜效** 化解衝突團隊合作
習慣二 **以終為始** 釐清人生定位目標	習慣五 **知己解彼** 有效溝通履行承諾		
習慣三 **不斷更新** 終身學習與時俱進			由內而外 →

信任

學習是為了超越昨天的自己

　　我期許透過閱讀增進自己對事物的理解，透過寫作則深化了我的理解，甚至產生新的洞見。這種讀、寫之間相輔相成的效果，也讓我時時處於思緒活躍的狀態。隨著我的寫作技巧持續精進，我覺得自己變得比以往更專精，也更有勝任感。所以我整合了自己學習和實踐的方法，將閱讀、筆記和寫作的這段流程，打造成後來熱銷超過 4,000 名學員報名的「化輸入為輸出」線上課程，提供給初學者一個實際又好用的知識內化方案。[3]

變得專精、變得勝任，是結果；而保持學習和持續精進，則是過程。我很喜歡的知名導演昆汀‧塔倫提諾（Quentin Tarantino）隨時隨地都在看電影，有一名記者問他是如何成為電影專家，他無奈地大笑，似乎被這個問題激怒地回答：「如果你放棄了生活中所有的東西，只專注於一件事，你最好把它搞透澈一點。」從我第一篇公開發表的文章一路到現在，專注於學習一件事情，何嘗不是如此。

　　無數個絞盡腦汁的早晨與夜晚，努力地挖掘腦中的思緒，涉略自己原本不懂的事情，每一字一句都讓我感覺往前走了那麼一點。雖然，與許多博覽群書、下筆如有神的前輩比起來，我仍像個學徒般摸索著。

　　學習與澆花有著許多相似之處，一個經驗豐富的園丁在「澆花」的時候，絕對不會一口氣澆一大盆的水；他們會把分量減少，每一天只澆一點點的水。少量且持續地澆水，才會讓花朵盛開。一個經驗豐富的學習者在學習的時候，也不會一口氣吸收爆量的資訊；而是精讀少量的資訊，每一天只吸收少量重點，分散式的學習，才會記得更牢。

　　想要學好一件事，只需要把少量的資訊，分散到每

一天學習。「持續」學習的成效，往往高於一口氣「高強度」地學習。真正重要的是，我有沒有比昨天的自己，又更進步了一些？

行動指南

1. 你有沒有一直很想學習的事物？試著想，如果你學會這項事物後，對自己和別人能夠產生什麼新的價值。

2. 剛開始時，不用一下子花大量時間，想要獲得高度的成果；學習新事物時，先規劃能讓自己保持一致性的練習策略，每天進步一點，就能累積巨大的收穫。

3. 你可以將學會的新事物，重新講述給別人聽，或是把腦中建構的脈絡，用自己的方式畫下來。

3 掃描 QRcode 免費加入「化輸入為輸出的五堂課」電子信課程。透過六封電子信，一步一步學會將「資訊」轉化為「觀點」的方法。

關聯性

動力

建立與世界的
連結

關聯性

設定為別人服務的目標，往往會讓我們表現更好。

——高績效教練、《高成效習慣》（*High Performance Habits*）作者
布蘭登・布夏德（Brendon Burchard）

• • • •

缺少連結感，就缺乏動力

　　只要在職場打滾過的人，都經歷過一種低潮的情緒：早上起床的第一個念頭是，今天很不想出門上班……只是，令我不解的是，一般都是在工作不順利時浮現這種念頭，而我竟然是在表現最受青睞的時候遇到。

　　當時的我是一位稱職的資深工程師，因為自己的專業能力和展現出來的領導潛力，被晉升和指派成為團隊的「Leader」。所謂的 Leader，指的是在資深工程師和經理或副理管理職位之間的一個職級和角色，負責幫直屬主管指派團隊任務的細節、協調團隊內部資源的分配。除了直屬主管之外，Leader 就是團隊的第二把交椅。

但是我卻變得愈來愈不想上班，不願意面對每天起床之後，就要進公司處理團隊的任務指派、會議報告，以及以前沒遇過的各種疑難雜症。我漸漸地失去了工作的動力。

　　「我覺得自己在 Leader 的位置做得好辛苦，好像還沒適應這種上下夾擊的壓力。」我在某一次的面談中，向我的導師提問。

　　「你心裡面的感覺是什麼？」他面帶微笑地問我。

　　「好像變得過一天算一天，每天都很掙扎，只想把眼前的事情做完，然後快點下班。」

　　「或許，你需要的是一個具體的『Big Picture』。」

　　他告訴我，在他的心裡面一直都會有一個鮮明的「Big Picture」，指的是對未來畫面有一個大方向的描繪，是一種對於人生各個面向的描繪。這個畫面要和「人」有關聯，包含服務的客戶、一起打拚的同事，以及最在乎的家人。

　　從那時候起，我就學到了寶貴的一課：當我們建立起關聯性，就能激發強大的動力；但缺乏關聯性的地方，將會被無情地捨棄。

圖 11　放大格局想像你的「Big Picture」

如何建立關聯性？

美國國家航空暨太空總署（NASA）有一個關於清潔工的知名故事。有一次，前總統甘迺迪問一位清潔工在忙什麼，他回答：「我在協助把太空人送上月球。」這個故事告訴我們，即使是最平凡的工作，只要跟「Big Picture」產生關聯，就會讓這份工作顯得意義非凡。

以我的說書事業為例，如果我關心的只有撰寫文章、架設部落格、發表社群貼文等技術時，很容易在裡面迷失方向。我可能會過度在意文章的瀏覽數、部落格該如何設計和設定、社群貼文的按讚數多寡。這是見樹，不見林。

反而我往後退一步，去思考這件事的「Big Picture」時，我會看到不同的風貌。我會把部落格和 Podcast 當成一個書籍藏寶庫，裡面存放了很多我個人的實踐經驗和心得。這個藏寶庫可以讓曾經跟我一樣困惑的人前來尋寶，這個地方會激勵很多人透過閱讀來改變自己的生命。無論我在執行的細節遭遇哪些困難，還有哪些地方不夠完美，都無損這個藏寶庫能夠提供給別人的價值。這是見林，才見樹。

當我們擁有了自主性和勝任感之後，最後一塊拼圖，就是我們對「關聯性」的需求。我們會尋求與別人建立一種有意義的連結，體驗到對別人的歸屬感和依附感，試圖發展出緊密且高品質的連結。一旦完成這塊拼圖，就能讓我們擁有勢不可擋的動力。

與自己建立連結

常有讀者問我：「瓦基，為什麼你可以維持充足的動力，持續閱讀、寫作和說書這麼長的時間從不中斷？」我的祕訣是，專心做自己真正在乎的事情。

當我在撰寫讀書筆記的時候，我在乎自己能從中學到什麼東西，我尋找書中能夠應用到生活和工作上的重點，我會仔細回想自己的經驗跟書中內容的相異和相同之處。對我而言，撰寫和分享讀書筆記是一件非常「個人」的行為，正因為有我的所思所想摻雜在裡面，創作出來的文字才有我的靈魂。

曾經有聽眾在 Podcast「下一本讀什麼」的評論區給予一項建議，希望我盡量「不要」加入個人的想法和心得，專心講述書中重點就好。

而最有趣的事就在於，能令我一直維持寫作和說書動力的關鍵因素，正是源自於我堅持加入自己想法和心得的做法。以經營自媒體而言，如果我一開始分享讀書心得的動機，只是為了賺錢、為了獲得更高的流量，那麼我很可能會強迫自己去適應這個市場，做出盡可能廣受大眾歡迎的說書內容。**我們要打造的夢幻工作，必須先從自己出發**，建立工作與自己的連結，做起來就自然會充滿動力。

問題一：我擅長哪種「方式」？

「說書類型」一般區分成兩種形式。第一種是付費制的說書服務，例如台灣的「啾音好書」（現已改名為「耳邊說書」）或中國的「樊登讀書」。這種說書服務強調的是幫聽眾濃縮書籍精華，旨在原汁原味地傳達書中重點，盡可能不夾雜任何說書人的個人情感和看法在裡面。

在我的觀念看來，如果只是把書籍內容忠實摘錄下來，這件事有太多人可以做到，而且已經有很多人在做這類型的事。如果我只做這件事，我認為創造出來的價值偏低，也沒有獨特之處。

而另一種則是免費制的說書服務，常見於 YouTube 和 Podcast 平台上面的說書頻道。這類型節目的說書方式通

常比較具有彈性，雖然仍有一些是專注於書籍內容的，但更多的是充滿主持人的風格和想法。

我選擇在讀書心得中，揉合自己經驗和想法，原因是對我自己而言，除了書籍內容，我更好奇「別人怎麼用這本書」和「別人對這本書有什麼看法」。當我將書籍內容實踐在生活當中，我會有個人化的經驗和感受。每個人對於一種觀念的看法和理解都有所不同，連結到各自的經驗之後，又會產生更多的觀點。

問題二：只有我能做這件事嗎？

打造夢幻工作，就是我們能夠做自己喜歡、擅長且能創造獨特價值的工作，而不是打造一個與自己無關、只是為了賺錢的工作。要讓夢幻工作跟自己產生強烈連結的方法，就是去思考這份工作的內容，除了我之外，還有沒有人可以做？有沒有人願意做？有沒有人做得比我好？如果都沒有，那麼這件事情就是「非我不可」。

例如我的說書，就是揉合了我個人的經驗和想法的說書內容，就等於，這是只有「我」這樣一個身分、歷練、背景的人才可以呈現的。我在半導體業界的十年工作經驗、三十歲前不喜歡讀課外書、想要斜槓經營自媒

體等多重條件，融合出一個獨特的人物樣貌，基於這個樣貌而產生出來的作品，就很難被取代，也很難見到類似的競爭者。

人生和做生意很像，最好是找出自己的藍海，避開競爭的漩渦。當我們採取的是不競爭，而是創造與眾不同的價值時，才不會跟別人做一樣的事情，也不容易被拿來比較，就像我說書的動力，是為了發掘自己跟書本內容獨一無二的關聯性。最高的競爭力，其實是根本不需要競爭。

我相信能幫助我的，一定也能幫助到其他有需要的人，因此我選擇了自己在乎的事成為工作。我在乎透過閱讀不斷改變、能力獲得成長，在生活和工作上都持續精進。當我做著自己喜歡的事情，又收到也同樣在乎這件事情的人給我回饋，總是讓我充滿活力和動力。後來我得出結論：重視那些我們「做自己」時，自然而然靠近我們的人；而不是服務那些我們必須「改變自己」，才能討好的人。

建立這種心態，我們在執行工作內容時，就是為了自己而做，也等於為了自己在乎的人而做。只有我們先照顧好自己，才能夠照顧好顧客。

與顧客建立連結

《紐約時報》（*The New York Times*）曾經刊登過一篇文章，報導一場名為「操作員挑戰賽」的賽事，也被稱為「汙泥奧運」。參賽者們都是在紐約從事汙水處理的勞工，他們在競賽當中熱情地展現自己的工作技能。有人快速鋸開一根 PVC 管，更換和密封下水道的料件避免汙水溢出；有人將自己垂降到一個汙水孔裡，試圖救回一個代表失去意識同伴的假人。

「他們是沒有人看得見的人。」紐約市環保局長談到這批參賽者時說：「這是一份辛苦的工作，且通常是不怎麼愉快的工作。但他們的表現真是太棒了。」這些參賽者以專業的能力和絕佳的熱情，擄獲了在場觀眾的心。有一位參賽者受訪時提到，雖然他小時候的夢想是成為一名消防員，但他並不後悔自己最終從事了不同的工作。「只要能服務大眾，我就心滿意足了，」他開心地說道，並且調侃了一句：「只是消防員占據了所有的新聞版面。」

這讓我感到十分納悶：為什麼有些人享有高薪和舒適的工作環境，卻感到內心無比的空虛？但有些人卻可以在紐約市的下水道工作，並感到滿足？

當我在撰寫讀書心得時，除了方便自己日後回顧之外，心裡想的另外一個對象是寫給「過去的自己看」。過去那個年輕的我，還沒接觸這本書，還不懂這套知識，還沒體會過這些經驗。我認為自己的狀況不是特例，一定有更多的讀者朋友正在經歷類似的心境，正遭遇類似的困難。

　　這份起心動念，幫助我每當文思枯竭寫不出東西的時候，我會讓自己先放鬆一下，心想這篇文章能幫到的不只是一個我，而是很多、很多相似境遇的讀者。每當這麼思考過後，我又會獲得充足的動力，重新提筆奮鬥。

　　所以我很明白，我絕對不能以「專家」的身分自居，專家往往有些盲點，不知道初學者會遇到什麼困難。我必須從一個業餘愛好者的角度出發，分享與每個人一樣從零開始學習的過程，有哪些收穫和改變，才能讓他們對我的分享產生共鳴，而我也才能與讀者建立起連結。

連結帶來力量

　　因為我和我的讀者們站在一起，一起面對未知的領域，一起成長學習，讓我充滿對新知的好奇心，也讓我

保持分享的動力。

有一位名叫柔清的香港讀者寫 Email 給我，描述她獲得的幫助和感觸，以下節錄其中一段來信內容：

我原本就是一個愛學習，也是持續學習的人，由於早早十五歲出來工作，晚上上夜校，學歷在香港只是中五程度，過去沒有學會很好學習的技巧，學習效益不高，也看了不少有關如何提升學習力的書及文章，但是都不得其法，可能跟自己笨，懶得做筆記也是有關的吧！但是看了您的「化輸入為輸出」線上課程，教的方法很落地，實操性強，讓我充滿了希望。[4]

我也是很喜歡聽「樊登讀書」，也很渴望像他一樣記憶力那麼好，那麼會講書，希望有一天成為他的樣子。但是自從聽了您在「下一本讀什麼」節目上講的書，我感覺收穫更大，因為您的分享更切合我的需要，同時能夠感受到您的真誠。

您的文筆中處處透出您的慈悲，而且讓我更感動的是您說書是免費的，用實際行動在做著自己熱愛，有意義及給人帶來價值的事情，您是一個知行合一的人，讓我這十天來天天聽您說書，也講給家人聽，未來我也會與朋友分享。

當時我讀完這段文字之後，整個人感到頭皮發麻、臉頰發熱，腦中瞬間出現一個念頭：「這就是我人生的獨特意義。」隨著我持續收到數以千計的讀者回饋，我知道自己和世界建立起了令我感到無比滿足的連結。

成功的終極檢驗，並不是我們擁有多少獎牌、頭銜和成就。而是我們以自己「成為什麼樣的人」為榮，是我們為了一個群體貢獻自己的才能、精力和時間，是我們和這世界建立的連結。

「成就」彰顯的是能力證明；「關係」展現的是人生的意義。

華頓商學院心理學教授亞當・格蘭特（Adam Grant）認為：「如果傑出是你做過的事，那麼品格就是你為別人所做的事。」或許，一個人的成就和品格，本來就能同時並存，還能夠相輔相成。

1. 花一段時間來想像你做某件事的「Big
   Picture」。心中有「林」，就能激發強大的
   動力。

2. 你在乎的事情是什麼？評估你做這件事是否
   具有價值、是否具備難以取代的獨特性。

3. 你可以重視那些當你「做自己」時，自然而
   然靠近你的人；不用在意那些你必須「改變
   自己」，才能討好的人。

4　若想完整了解「化輸入為輸出」線上課程，可掃描下方
　　QR code。

啟程後的循環式優化

—— 回顧與檢討

在某一次跟大學同學的聚餐當中，大家聊到了最近工作的狀況。輪到我分享的時候，我說自己正在考慮轉換跑道，考慮將說書事業當成我接下來的重心。大家問了我許多關於金錢收入的現實面問題，以及聽我拆解未來的商業模式。其中一位同學聽得非常入迷，他隨口說出：「你真的把說書這件事做得有聲有色，以前還看不出來你有這種天賦耶！可以靠興趣賺錢真的很令人羨慕呢！」我謙虛地笑了笑，當下還沉浸在此起彼落的吹捧和粉紅泡泡當中。

　　直到後來回想當天那段話，我才逐漸明白一件事。

　　我並不是打從一開始就知道自己擁有能夠做好這項事業的天賦，也不是從第一天就期待能從這項興趣賺到多少錢。而是我知道「傳遞閱讀的美好」是　件值得去做的事，是一件分享我的幸運給更多的人的事。我把它當成我下班之後的另一份「工作」，我可以去做、我必須去做、我樂於去做，我是把它當成我畢生的職志在做。

　　當我摸索出了第一版的商業模式圖，決定自費架設網站的那一刻起，我就是用工作的態度在執行這件事，而不是可有可無的隨意嘗試。

　　這就是我想要透過這章傳達的重點，我們不能只把

「打造夢幻工作」當成一個普普通通的「個人目標」，而是要用「工作」時那種勢在必行的態度去執行。

「工作」的本身內建了持續性，如果我們不準時上班，不準時把工作完成，就無法拿到薪水。所以我們乖乖地做事情，不管自己到底有沒有興趣或天賦，就是想辦法把事情做得好、做得快。就算我們無法把一項工作做到完美，還是得硬著頭皮去試著完成。有趣的是，工作內建的持續性，讓我們愈來愈精通某一件事情，即使我們認為自己沒有什麼天賦。

可是我們面對「個人目標」卻往往缺乏持續性，如果我們不去做它，如果我們允許自己偷懶，沒有人會跳出來指著我們鼻子痛罵。儘管沒有達成個人目標，我們也會想出一堆聰明的藉口安慰自己，像是「我就是對這件事情沒天賦」，或是「我對這件事情的興趣可能還不夠強烈」。反正每一年的新年新希望都失敗這麼多次了，因此我們允許自己用藉口來拖延，我們覺得個人目標只是錦上添花。

真相是，缺乏天賦是一種藉口，安慰自己沒興趣了也是一種藉口；而持續性沒有藉口，工作也沒有藉口。我們從來都不缺藉口，而是缺乏持續。

我們能不能做好一件事情，跟天賦和興趣的關係微乎其微。

沒有人第一天工作就是職場好手。大家都是要透過日積月累的磨練，在過程當中持續優化，懂得放棄不重要的事，專心在能發揮優勢的事情上，才能變成一位愈來愈出色的職場工作者。把同樣的道理應用到我們自己身上，不也是如此嗎？

我們必須先克服「完美主義」，開始進行自己的第一項工作任務，再不堪也好，再笨拙也罷，有做才有成長，有做才有收穫。原本不擅長的事情，我們也能夠一回生二回熟，從行動的過程當中變得愈來愈好。

另外，人們常說人生就像一場「馬拉松」，要保持節奏並且持之以恆。我認為這句話只說對了一半，後面的那一半。在某些時刻，衝刺是必要的，但在一開始的時候，我們必須先透過「短程衝刺」來建立起步的動能，踏出突破性的一步，讓成長的飛輪先轉動起來，我們後續的步伐才會愈來愈順。

接著，就可以切換到馬拉松模式。為了能在人生這場馬拉松中跑得又遠又久，我們得認知到「保持紀律」的重要性，並且設定正確的心態，讓自己成為一個享受

紀律的人，而不是被紀律所逼的人。只有當我們把想達成的目標，用像工作時一樣紀律地執行，才會獲得更多的改善和成效。

最後，無論我們採取行動時有多麼賣力、多麼專注，也不能只埋著頭苦做，而是需要邊做、邊看、邊修正。如同在工作上常見的定期檢討會議，我們要掌握「回頭檢視」和「做實驗」的方法，透過定期和有效的檢查方式，去找出應該繼續進行，或應該拒絕放棄的事。

接下來，我將分享的是我規劃好目標，並為自己找到內在動力後，如何在行動中不斷檢視、調整的成長心態和優化方法。避免我們做到一半，才發現自己掉入了「方向不對，努力白費」的窘境。

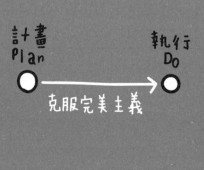

計畫
Plan

執行
Do

克服完美主義

開始行動起手式

克服完美主義

多數人花了大半輩子想像與做夢。開始做很有趣，但未來是屬於完成者的。

—— 《紐約時報》暢銷作家　喬恩·阿考夫（Jon Acuff）

· · · ·

《紐約時報》暢銷作家喬恩·阿考夫曾經創辦了一個「三十天目標速成」的線上挑戰課程，邀請廣大的網友一起參加這項挑戰。他把網友們進行挑戰時遇到的困難和挫折都記錄下來，他也從實際案例當中發現了許多人之所以遲遲不採取行動，或者半途而廢的原因。

他發現「完美主義」常常是阻礙人們向前奔跑的最大障礙。

喜歡扯後腿的完美主義

像是我在思考自己的職涯時，也曾經想像過要成為某個職場領域的「專業導師」，以教導別人具體的專業技

術維生，在過程當中持續累積自己的名望和經驗。但是我從來不曾跨出這一步，因為在採取行動之前，我已經感到膽怯，覺得自己不夠專業、不夠資格。

但，一切都只是完美主義從中作梗。

想要教別人工作技能，卻開始懷疑自己資歷不足。想要教別人撰寫程式，卻開始質疑自己的經驗不夠。想要教別人繪畫，卻開始擔心自己的技巧還不純熟……我被心目中那個完美的「專家形象」，嚇得不敢前進。

我們常常希望自己先變得足夠好，才有這個資格去教別人，否則就會引來許多批評和不滿。而事實上，完美主義導致**我們對自己的自我批判，遠比別人對我們的批評來得多太多。**

後來我才逐漸找到方法，破解自己的完美主義，開始嘗試一些原本想都不敢想的事情。每當有讀者或聽眾向我提問，該如何克服完美主義、開始行動？我總是喜歡舉自己的例子告訴大家，我是如何開始一個跟我的專業領域八竿子打不著的事業——錄製 Podcast 說書頻道。

如何克服完美主義？

三年前，如果有人告訴我：「瓦基，未來你會成為一位作家和 Podcaster。」我一定覺得他是在跟我開玩笑，要不然就是在挖苦我。

我在心裡咕噥，我哪有什麼寫作能力，還不就是在工作上寫 Email、做 PowerPoint 簡報？我上一次寫超過一千個字的文章，應該要追溯到寫碩士班論文的時候了。更何況，我從小就不喜歡聽自己的聲音，在小學第一次跟朋友用錄音機錄下自己的聲音，之後回放收聽的時候，我巴不得找一個洞直接鑽下去。

把文字和聲音當成我的工作？拜託，饒了我吧！但有意思的是，生命的轉變總是發生在不經意的轉角處。

只要開始去做

踏入職場一段時間的我，因為想學投資理財和領導管理，開始閱讀許多商管書籍，為了加深自己閱讀之後的理解和記憶，我發現自己必須認真看待閱讀這件事。在我學習閱讀的過程中，被《如何閱讀一本書》書中的一句話深深刺中：「一個人如果說他知道他在想些什麼，

卻說不出來，通常是他其實並不知道自己在想些什麼。」
我當時覺得自己讀完一本書之後，經過一兩週試圖再回
想時，常常發現整個腦袋空空，幾乎忘了讀過什麼。我
感到很納悶，為什麼我明明讀懂了，可是卻回想不起
來，也不曉得要怎麼跟別人說我讀了什麼？我是不是該
「寫」下來，試著做讀書筆記？

　　結果，我原本只是建立閱讀習慣，反而促使我開始
「寫作」，尤其是寫下自己閱讀之後的讀書筆記，以及因
為閱讀的刺激而衍伸出來的個人觀點。一開始我試著寫
一段讀書筆記，覺得對自己還頗有幫助，就愈寫愈起勁。

　　我下定決心要克服我的完美主義，便把一段段的筆
記整理成完整文章，鼓起勇氣發表了第一篇讀書筆記到
Medium 上。當時我覺得很害羞，也不敢跟朋友和家人
說，只是覺得自己做了一件很「炫」的事情，除了工作
之外，我也是發表過一篇文章的部落客呢！

　　我反覆讀著第一篇公開發表的文章，心裡想著：「雖
然離我心中完美的文字還有一大段距離……大概就像是
天與地的距離那麼遠。但是，好像也沒有那麼糟嘛，對
吧！？」

面對亟需解決的問題，不完美也沒關係

2020 年 8 月，在我持續發表讀書心得的一年半後，我的母親在一次電話中向我訴苦：「你每個禮拜發表一篇文章，我真的很想讀，可是我都沒時間讀完。你會不會發表得太頻繁了？其他讀者有時間看嗎？」

「那是因為你都在滑 Line 和 Facebook 吧……一個禮拜難道連五分鐘讀一篇文章的時間，都沒有嗎？」這是我第一時間的反射性回答。

「可是你的文章很長，我都要讀十幾分鐘才讀得完。有時候讀到一半被別的事情打斷，我就找不到那個網頁了啊……」

掛掉那通電話之後，我才靜下心來思考，或許她的問題並不是例外？如果她沒辦法一口氣讀完，那一定也有讀者沒辦法在一週內讀完一篇文章。那如果根本不用讀，而是用「聽」的會怎麼樣？Podcast 這個關鍵字重新浮上我的心頭。

跟母親的一番對話，促使我開始重新正視這個選項。我開始試探性地向身旁親友提出一些問題，想了解為什麼大家不容易讀完一篇長文。是我把文章寫得太長

嗎？寫得不夠吸引人嗎？還是排版跟格式不夠美觀呢？

我所得到的答案令我十分吃驚。有些親友告訴我，滑手機滑久了眼睛會乾澀，不喜歡用手機看文章。有些親友說，平常就沒有閱讀網路文章的習慣。有些親友吸收新知習慣從聽廣播、看 YouTube 而來，比較不常閱讀文字。我識別出了問題背後的真因，問題不在於內容本身，而是傳遞內容的「媒介」。

我接著問他們，如果我把讀書心得用說的方式錄製成 Podcast 節目，會有人想聽嗎？他們說：「或許會吧，我就會想聽聽看！」（他們人真的很好）

後來，我又受到阿考夫的一番話影響：「舞台上空無一人，麥克風安靜無聲，評審椅不會轉過來，因為沒有人在歌唱。」如果我不嘗試看看，怎麼知道評審怎麼說呢？

因此我廣泛研究了市面上發表讀書心得的部落客、YouTuber，以及許多付費聽說書的服務，試著去比較各種傳遞方式的優缺點，以及它們未來的成長性。在蒐集資訊的過程中，我發現 Podcast 的說書節目是一塊空缺的領域，所以又進一步了解 Podcast 的特性：通勤時候聽、做家事的時候聽、運動的時候聽。簡單來說，Podcast 能幫助人善用零碎時間，且不需要使用眼睛，就可以聽到新

的資訊或知識。

Bingo！這正是解決「沒有時間閱讀文章」的解方。

我開始興奮地在網路上尋找許多「如何開始 Podcast」的教學文章和影片，試著寫出錄製節目的計畫，整理出來大概有一百條待辦事項。然而，自我懷疑的念頭又跑來我腦中揮之不去。我知道這些都只是「完美主義」在作祟，而我必須破解完美主義的謊言。

破解第一招：我本來就不完美

為什麼我前面說「重新」思考做 Podcast 呢？因為我曾經花一秒鐘的時間放棄過它。

從 2020 年的 2 月開始，因為疫情爆發和聲音經濟趁勢興起，原本在台灣幾乎沒什麼人在聽的 Podcast，開始進入大家的生活，熱門頻道像是「股癌」、「吳淡如人生實用商學院」等，獲得了廣大的聽眾支持，這一年被媒體和業界譽為「台灣 Podcast 元年」。

當年我跟大家一樣被這類新聞轟炸，而在我眼中的 Podcast 好像就是廣播電台的網路版，認為只有口條好、有廣播經驗、能言善道的人，才適合做 Podcast。我當時

自問，要不要嘗試做 Podcast，內心馬上冒出各種聲音：

「連我都不喜歡自己的聲音，會有人喜歡聽嗎？」

「我的個性偏內向，無法炒熱氣氛，一定會很吃虧。」

「還得學會錄音、剪輯、後製，還要買設備……」

「我根本不是一個廣播人的料，完全不可能。」

內心的小劇場才上演不到幾秒鐘，做 Podcast 的想法就馬上被我否決了。雖然看著愈來愈多頻道大紅大紫，但我內心的聲音一直阻止我嘗試。

這些應該要成為「廣播人」的想像，讓我一直沒辦法開始錄 Podcast。直到我虛心臣服，告訴自己：「我本來就不完美，本來就沒有人是完美的。」才開始接受自己沒辦法達成心目中 100 分的樣子，但這不代表違背了自己對目標的承諾，而是一旦開始做，就會讓我離目標更近一點。

我們太容易掉入完美主義的陷阱，認為如果沒有做到 100 分，就像是自己沒有達到目標一樣，但是事情往往不是這樣。我們必須知道一個事實，任何的進展都會促使我們朝目標更近一步，不完美地前進，總比完全不跨出去來得好。

丟掉綁手綁腳的完美主義，儘管事情不完美也沒有

關係。

破解第二招：下修標準與目標

我的第二道完美主義關卡，是錄音品質的要求。由於我沒學過樂器，也沒有錄影和錄音經驗，對錄音器材非常陌生。我上網做足了功課後，反而令我更困惑，琳琅滿目的選項，讓我不知道該從何下手。「要用就用最好的」、「專家就是用這個」這些網路建議，在我腦中激烈交戰。

我甚至想過要弄一個 Studio 等級的錄音工作室，讓自己沒有藉口不開始錄音，還可以避免任何關於錄音品質的批評。嗯，又一次地，完美主義作祟，專業的錄音室才不是錄 Podcast 的重點！

其實我們時常高估了自己的能力，制定了太高的目標，卻給予自己太少的時間和資源。如果我們在一開始就把餅畫得太大，等於是在詛咒自己無法達成目標。重點在於，**不要把目標設定得太大而導致放棄，而是把目標砍半並「完成」**。

最後我改變了想法，用原訂四分之一的預算，購買

了一支品質中等、堪用的麥克風。然後我在書房的四周擺放許多可吸音的抱枕和書籍，盡量減少環境的回音。我告訴自己，品質不必完美，但是我必須先開始才行。

破解第三招：放棄不必要的事

接著我又問自己，那如果節目的內容不夠好呢？第三道關卡是我對於內容和性質的設定。我觀察許多受歡迎的 Podcast，發現「訪談節目」的類型最受歡迎，特別是兩、三個人的對談，容易擦出火花、引爆笑點。受歡迎的「個人節目」則需要有很強的個人風格，例如很酸、很搞笑、很溫馨。我把這些元素全部記錄下來變成一串清單，覺得自己必須符合全部的項目，才算得上稱職的製作人。

但我愈是想要達成心目中想要的節目類型，就愈感覺力不從心，在短時間內，我不可能擁有那些資源，也不可能變成那種特質的人。後來才發現，我太執著於那些自己「沒有」的特質或資源，卻忘了回頭想想自己「有」的是什麼。

就像是我剛踏入職場時，曾經感到很痛苦，因為我

看著自己待辦清單上密密麻麻的任務，卻有許多事情沒有完成，就會開始怪罪自己，為什麼不能「全部搞定」？我們似乎很難接受「要做好一件事，就必須犧牲另一件事」的觀念。而面對這種情況，我們可以選擇兩種策略：

1. 試著做超過自己能力可以應付的事，然後失敗。
2. 選擇放棄某些事情，集中火力完成重要的目標。

完美主義和愧疚感要我們選擇第一種策略，但是我們真正該選的是第二種策略。我們必須接受自己的不完美、接受可能被砍半的目標、接受某些目標應該被狠狠捨棄，然後去完成那些少數且重要的目標。我們必須承認，自己本來就不可能完成「所有」的事情。

當我把待辦清單做了一輪刪去法，放棄那些自己還沒有的東西，我發現自己有的其實很簡單：對書本的熱愛、我會說話。我不必說得像別人這麼嗆辣、搞笑或學富五車，我只要用自己平常說話的方式說出來就可以了。

破解第四招：做得開心就好

終於破關斬將來到了最後一關，這次我遇上錄音剪接的關卡。錄音後的剪輯技巧非常關鍵，例如，剪掉贅

字、剪掉不理想的段落、加上配樂、加上音效、濾掉雜訊等，這些專業的技術搞得我頭昏眼花。

對於一個完美的節目而言，優秀的剪輯當然不可少。但是我知道，自己對後製剪接沒有太大的興趣，真正讓我覺得有樂趣的，終究是「閱讀、寫心得、分享」。於是，我允許自己用幼稚園程度的剪輯技巧，搭配一些不需要這麼仰賴後製的內容和環境，開始了第一次的正式錄音。

錄音完成後，對於音檔的後製處理，我也盡可能簡化。除了加上開頭的片頭短曲之外，我打消了在中間用音樂串場的念頭，也取消了片尾曲的製作與剪接。剔除那些帶給我過多壓力的元素，剩下的就是我喜歡的說書內容本身。

接受第一次作品可能會「不完美」的事實後，我開始能夠用輕鬆的口吻，就像跟朋友聊天，分享我所看過的書。最後，我把原本腦中要成為專業的錄音剪輯者，轉變成一個樂於分享的說書人。從此之後，錄音對我而言，變成了一個愛書人的分享時光，而有趣的是，當我在做好玩又有趣的事情時，常常忘了時間流逝，也開始感受到熱情。

兩個禮拜後，我終於正式發表 Podcast「下一本讀什麼」的第一集，開始每個禮拜介紹兩本書。[5] 重點不是我們受了多少苦，而是達成目標的過程，給了我們多少樂趣，讓我們願意堅持下去。

熱情是行動之後的產物

　　直到我發布了第 100 集 Podcast 特別節目，談我從台積電離職的肺腑之言，引起了廣大的關注和媒體的報導。有一位很久沒聯繫的大學同窗私訊我說：「以前看不出來你喜歡說話，完全想不到你對 Podcast 有這麼大的熱情，一做就是一百集！恭喜！」

　　向他道謝之後，我心中感悟：**其實我也不是一開始就這麼有熱情，而是在邊做邊學的過程中，才燃起了更多的熱情。**頂多只是一種「試試看」和「對別人可能有幫助」的心態，讓我採取了第一步行動，然後第二步、第三步⋯⋯。直到做了好長一段時間之後，我才能夠斬釘截鐵地確信，我對這件事情真的充滿熱情。

　　在持續行動的過程當中，我開始收到世界各地的聽眾給予我的回饋。有的聽眾告訴我：「Podcast 節目跟部落

格文章是完美的互補。」原本只會收看「閱讀前哨站」的讀者，在得知我推出了 Podcast「下一本讀什麼」說書節目後，他說自己「會先收聽 Podcast 當做預習，再用部落格文章來幫自己複習。」另外還有聽眾留言說：「眼睛的視力大不如前，看文字太久會眼睛乾澀，能夠用聽的吸收知識是很棒的方法。」

在我推出 Podcast 節目之前，根本沒想過「眼睛不好的讀者」會遇到什麼困擾，長篇的文章是很好的內容，但是有人因為眼睛狀態而讀不完的話，仍然是很可惜的事情。原來，我只要透過聲音的傳遞方式，就可以輕鬆地幫助到他們。

還有愈來愈多聽眾提到：「喜歡瓦基溫柔和沉穩的聲音，聽說書不但獲得了心靈的慰藉，還可以幫助我度過心情的低潮。」我原先很擔心聽眾不喜歡我的聲音，但是隨著節目持續推出，每週兩次的鍛鍊，我對聲音的掌控度漸漸提高，開始收到聽眾對我聲音的肯定。

我曾經以為說書節目，就是要提供充足的「知識點」，但是這些回饋，反而讓我知道說書竟然還有撫慰人心的療效。正是因為我先採取了行動，才能夠獲得這些隨之而來的回饋，此外也刷新了我的舊觀念，給予我更

多元的動力。倘若我不開始行動，這一切都不會發生。

就像是中世紀波斯詩人魯米（Rumi）所說的：「當你開始踏上路途，路就會自己展現。」是因為先採取了行動，才會遇到意料之外的熱情。這種熱情，才會燒得又旺又久。

當一個「有用的人」

如果我們想要完成目標、採取行動，最重要第一步就是擺脫完美主義——把目標砍半、放棄不必要又會造成壓力的事情、讓過程變得有趣。

此外，在發展說書事業的過程當中，我發現了一個克服完美主義的絕佳武器，那就是，**與其追求完美，不如追求實用性**。

我不必是完美說書人，但我的內容對後進者很實用。我不必是完美職場教練，但我的經驗對後進者很實用。我不必是厲害的繪畫老師，但我的技法對後進者很實用。

就像我的 Podcast 節目在一開始是很粗糙稚嫩的，可是我極力講求節目內容的實用性，也就是我分享的這本

書對我有哪些幫助？我從中學到了什麼？我應用和實踐了什麼？這本書對聽眾的潛在用途是什麼？

實用性是完美的剋星。當觀眾覺得這個內容「有用」、「有幫助」，至少就能吸引到接受這個品質，也想汲取其中用處的觀眾。基於這個心態，「提升品質」就成了行動過程當中的加分題，而非必選題，也不再是阻擋我們前進的絆腳石。

加拿大民謠詩人歌手李歐納‧柯恩（Leonard Cohen）的一句詩詞非常有名：「萬物皆有裂痕，那是光照進來的地方。」天底下從來就沒有十全十美的人事物。有裂縫，才看得見陽光；有缺陷，才有進步和改善的成長光芒。不完美，才是真的美。

完美主義要我們當一個「完美的人」，但我們千萬不要聽。要成為完美的人，會耗費我們大量的精力用來彌補和掩飾自己的缺點，在這樣的過程中，我們的缺點令自己感到芒刺在背，反而沒有把心力集中在發揮自己的優勢。

當一個「有用的人」，我們會把大部分的精力都用在為別人創造價值，在這個過程中，我們的優點令自己活力充沛，反而不會耗費心思去理睬那些不重要的缺點。

我們的價值來自於對世界提供了哪些幫助。

如果一個人的辛苦努力，僅是讓自己變得更完美，而不是對這個世界產生價值，那麼這種完美，也毫無意義可言。

關鍵心法

1. 「完成」比「完美」重要。你可以把目標砍半、放棄不必要又會造成壓力的事情、設計讓過程變得有趣的方式。
2. 你必須先開始動手做，才會有新的體悟、收到新的回饋、發現新的問題。一開始的熱情只是一時的激情，隨著行動而來的，才是真的熱情。
3. 與其追求完美，不如追求實用性。你提供給別人的服務、販售給別人的產品，是為了讓對方覺得實用、能做出改變、能解決問題。

5　瓦基創立的 Podcast 說書節目「下一本讀什麼」，掃描 QR code 就能在 30 分鐘內吸收一本好書精華與心得摘要。

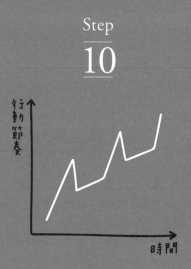

行動中的配速法

先衝刺再穩定

儒夫從不啟程，弱者死於路中，只剩我們前行，一步都不能停。

——Nike 創辦人　菲爾·奈特（Philip Knight）

• • • •

用「短程衝刺」啟動行動

有話說：「人生就像一場馬拉松，而不是百米衝刺。」這句話聽起來很撫慰人心，也很有道理，可是我認為只說對了一半。

在某些階段，衝刺是必須的。

跑過馬拉松的人可能會發現，起跑時很容易跟著現場很 High 的氣氛，不小心加速衝刺，通常如果前半段沒有忍下來，將前進速度維持在預定範圍內，後段可能就會筋疲力盡。而我覺得，人生的馬拉松正好相反，前半段需要先衝刺，踏出突破性的第一步，建立初始的動能，才能讓後續的行動更順利。

正所謂「萬事起頭難」，就如同我們小時候都學過的「摩擦力」物理現象。如果要推動一個放置在桌上的物體，必須先施加「最大靜摩擦力」，才能讓原本靜止的物體開始滑動。當這個物體開始滑動的時候，它承受的就只剩下「動摩擦力」，而動摩擦力往往比最大靜摩擦力來得低。

起跑的衝刺，就是為了突破最大靜摩擦力，當事情開始滾動之後，我們只需要比較小的動摩擦力，就能讓事情持續前進。

先達到「有效運動心率」

個人品牌教練于為暢也提過一個概念，人生的成功是靠「密集的努力」，而不是「分散的努力」，並舉了一個生動的例子說明。如果我們想要「有效」運動，就必須把自己搞得夠喘（也就是心跳夠快）。如果我們只是按照平常走路的速度，縱使一週走路五次，每次走五個小時，那都是在浪費時間而已！走得愈久，浪費愈多時間！因為運動講求的是「有效運動心率」。

醫生給一般人的運動建議是：每週規律運動三次、

每次至少二十分鐘、運動時的心跳率應達最大心跳率的60%以上（大約是一分鐘心跳130至150下），稍微流點汗，有點喘又不會太喘。

于為暢認為，如果一個人想要獲得事業上的成功，就必須在某一段時間內，讓自己「過分地努力」，比平常的努力要高出許多。在這段時間內，集中精神、火力、知識，以及所有的資源，在應該專注的項目上。這段時間大約是三到五年，在這期間，我們必須專心一志地工作，讓自己有點喘、有點累，確保達到「有效運動心率」。然後，我們就可以稍微休息一下，從極端忙碌的狀態，或巨大的工作量，回復到正常的工作時間和工作量。

他給出三點建議：

1. 在「成功」的面前，用「正常配速」過每一天，根本是浪費時間。

2. 在一段時間內，逼自己跑起來，進入「有效」運動的模式。

3. 當我們停止後，若還沒「有效爆發」，休息一下，再衝刺一次。

當然，並不是要我們把身體搞壞、家庭失和，或是弄得自己狼狽不堪，而是要在人生這場馬拉松裡懂得

「配速」，尋找適合的時機，或有潛力的突破點，進行短暫的衝刺，讓投注的努力發揮最大的效果。

光是行動還不夠，重點是我們是否達到了行動的有效運動心率。接下來，我分享自己在打造夢幻工作時採用的「配速策略」。

配速策略一：劃定衝刺時間

當我克服了完美主義的謊言，決定開始錄製 Podcast 說書節目時，我在心中盤算著一個很特別的配速策略。

當時大部分的 Podcast 節目是「一週更新一次」，而各大平台上的知識類和說書類節目也是採取週更的模式。我認為若要在這個領域嶄露頭角，必須做點不一樣的嘗試，如果我「每週更新兩次」如何？

回到現實面，有礙於我當時還在台積電的正職身分，要在所剩不多的私人時間內，每週寫出一篇讀書心得就已經很不容易，更何況要每週更新兩次？我想起自己已經擁有的資源：我已經經營部落格一年半的時間，累積超過 70 篇讀書心得，這些文章都尚未透過音頻的方式發表過。

我暗自盤算接下來短期衝刺，可以一週發布兩次 Podcast，一次發表新的讀書心得，另一次則採用舊的讀書心得。接著我進一步規劃，以目前的庫存舊文章，可以讓我保持「一週兩次」的節目更新頻率，大約維持一年半左右的時間。所以我要在未來的一年半內，把我的說書事業發展得更完整，取得更多的獲利模式，開發出不同的產品或服務。我心想，如果自己在一年半之後達到這個里程碑，就可以離職創業，那麼不用上班的時間，就能夠全心投入我的夢幻工作，足以讓我每週撰寫和錄製兩篇全新的讀書心得。

　　因為規劃好全力衝刺的時間和計畫，我不僅替自己設定一個離職創業的「截止期限」，也替自己的 Podcast 節目設定更新頻率的目標，成為市場上罕見「頻繁更新」的說書節目。

從衝刺到長跑

　　衝刺，伴隨而來的是犧牲。我捨棄了原本所剩不多的假日時光，幾乎全部拿來用在經營說書上。

　　當時碰上新冠疫情，大家被關在家裡，也不能出國旅行，我更可以義無反顧地打造自己的事業。也幸好我

女友給予全力的支持，她知道我決心要做出改變，而想要改變，就必須把握這段黃金衝刺期。

　　隨著我的說書內容逐漸受到聽眾的關注，節目也逐漸在激烈競爭的 Podcast 排行榜上站穩一席之地。一年之後（比當初預定的一年半還短），我達成了當初設定的離職創業目標，做出了離職的決定，轉往現在每週擁有充足的時間用來經營說書事業，保持每週更新兩篇的節奏。這時候的我，就像是在跑一場馬拉松。

　　矽谷傳奇投資人納瓦爾・拉維肯（Naval Ravikant）曾說過一句名言：「快速採取行動，耐心等待結果。」我對這句話的詮釋就是，在一開始的時候，我們必須先透過「短程衝刺」來建立起步的動能，讓成長的飛輪先轉動起來，我們後續的行動就能夠愈來愈順，之後再切換到速度穩定的馬拉松模式。

　　人生遠看就像一場馬拉松，需要持之以恆；近看則像是高強度的間歇訓練，是由無數個衝刺、休息、衝刺、休息的循環組成。

配速策略二：保持紀律的節奏

進入速度較平緩、穩定馬拉松模式後，我們該注意哪些事情？

我先說一個自己的慘痛經驗。離職之後，我絕大部分的時間變成在家工作。由於缺乏了固定的上下班時間，我第一個月就進入一種「過度放縱」的自由模式。我一週之內會趁平日白天跑兩次電影院，我在家一邊吃午餐一邊追劇，甚至吃完飯之後還繼續看到下午三、四點。我變成拖到最後一刻才開始趕著寫當週的讀書心得，而且還拖稿了好幾次。也因為玩樂占據了太多時間，那個月幾乎都是三更半夜才開始錄音。剛好當時進入秋天轉涼的時期，抵抗力變差的我一直感冒和流鼻水，病了整整兩週之後才終於康復。

我心中的小惡魔在我耳邊細語：「我可不可以輕鬆一點？偷懶少寫一點會怎樣嗎？」但內心另一個聲音卻提醒我，這一路上讓我能持續成長、精進和創造價值的，正是因為規律有序的穩定產出，而不是隨心所欲的做事態度。最後，我重新檢討了自己的時間安排，試圖找回以前有紀律的生活規律。

因此，為了能在人生這場馬拉松中跑得又遠又久，我們得認知到「保持紀律」的重要性，並且讓自己成為一個主動享受紀律的人，而不是被紀律逼著走的人。我們常覺得那些能夠「自律」的人非常了不起，他們看起來有嚴謹的紀律，可以持之以恆進行某一些事情。其實，背後是有訣竅的。

從自願到自律

自律的人好像永遠充滿動力，人生字典裡面似乎沒有「放棄」和「偷懶」。但是，他們真的有我們想像的那麼偉大嗎？我認為自律其實分為三個階段：

- **自律**：建立起一套長久且規律的模式。我們往往誤以為只要自律，就能達成最終目標，誤把自制力和成功劃上等號。
- **自然**：把我們自願去做的事情，變成不需要自制力，就能輕易執行的日常習慣。自然就是身心不會抗拒的好習慣。
- **自願**：當我們發現一件事情對自己真的有好處，或充滿樂趣，就會發自內心願意去做。儘管困難，仍樂此不疲。

現在，把上面三項「反著順序」再看一次。那些自律的強者們，其實只是一直在做他們發自內心喜歡的事，因為他們理解那件事情對自己的好處，所以自願去做，養成習慣自然地去做，最後才變成自律的人。自願是內在的驅動力，自律只是外在的表面結果。

　　為什麼有些人「自願」持續去做一件事情？除了他們對這件事情有興趣之外，其實他們還明白一個道理：**一百次的行動是進步的保證。**於是他們從自願到自然，最後成為自律的人。

　　當我們想透過行動，來精進自己某一項技藝、增強自己的自信心，有一種很有效的方式，那就是進行一百次的行動。

　　寫一百則社群貼文、寫一百篇部落格文章、錄一百集 Podcast 節目、烹飪一百道料理、跟一百位客戶對話、製作一百份不同產業的簡報。這個數量看似很難，卻是一個能被衡量和達成的目標。採取一百次的行動會帶來三個好處：

1. 我們對這件事情會學得更好。
2. 我們對自己會有更多自信心。
3. 我們對這件事情會有比別人更深刻的見解。

當我們做過某件事情一百次後，擁有的能力和觀點會和還沒開始做的時候截然不同。不是因為準備好才開始做，是因為做完了才變比較好。準備不會讓我們變好，只有行動才會。

自律的人只是比別人更自願、自由地選擇了一百次行動帶來的好處。不要浪費心力強迫自己自律，我們該尋找的是，發自內心想做的事。

配速策略三：不求快只求高品質

有些人總是汲汲營營，追求做事的效率，比別人做得又快又多，可是，高效率與高生產力並沒有劃上等號。

高生產力的人，往往不是做事速度最快的人，也不一定是做得最完美的人，但是生產力高的人大部分有一個共通點：他們總是做「對」的事，而且做得很「好」。

有趣的是，我們時常把「效率」（Efficiency）和「效力」（Effectiveness）這兩個字混淆了。效率指的是我們完成一件事情的「速度」，愈快完成它，就是愈有效率。為了提高效率，我們會進一步學習和精進各種做事情的技巧、訣竅和祕訣。

效力指的是我們完成事情的「重要」程度，和完成這件事會帶來的「成效」。為了提高效力，我們會退一步思考自己採取的行動，是否既重要又有效。

我們學了一堆讓工作更有效率的技巧，一直想著要做得愈快愈好，卻相對花較少時間想，如何做正確和有效的事情。

追求效率卻不顧效力，等於浪費心力在錯誤的方向；追求效力卻不顧效率，不過是用了比較笨的方法在做事。寧可笨一點，也不要瞎忙碌。我奉行效力先行，效率其後。

做好最重要的事

以我寫部落格為例，「每週寫出一篇讀書心得」就是我最關鍵的事。除了這件事，其他都是次要的。我可以一週內不上 Facebook 回覆讀者的留言，但是我要寫出一篇心得。我可以一週內不在社群媒體發表任何貼文，但是我要寫出一篇心得。我可以一週內不回覆任何合作邀約的信件，但是我要寫出一篇心得。

我的讀者記得我有哪一週忘了寫讀書心得嗎？每一週都有寫。我的讀者記得我有哪一週都沒回留言、沒有

發表貼文、沒有回覆 Email 嗎？他們不記得，因為連我自己也不記得，那些都只是次要的事情。只有每週寫出讀書心得，才是真正重要的事情。

　　成敗的關鍵不是做「多少」事情，也不是每一件事情做得「多快」，而是我們有沒有持續做好最關鍵、最有成效的事情。當我們都有持續完成最關鍵的產出，那麼其他次要的事情，只要做到及格以上，別人就會以為我們怎麼能同時做那麼多事，又做得那麼好。

　　哲學家丹尼爾・普特南（Daniel Putnam）說過：「現代人想要自我欺騙，最常用的一招就是隨時保持忙碌。」不要用一堆無關緊要的雜務來騙自己很忙碌，有生產力的人往往十分從容。**生產力不是做得快速，而是產出最有價值的事。**

　　我們除了要確保自己自願地採取「有紀律的行動」之外，也要確保我們行動的事項符合「高品質產出」的條件，確保那些能帶來成果的事情，被一而再、再而三地執行。

關鍵心法

1. 先透過「短程衝刺」來建立起步的動能，讓成長的飛輪先轉動起來，你後續的行動就能夠愈來愈順，此時再切換成「跑馬拉松」的節奏。

2. 理解一件事情對自己的真實好處，讓自己「自願」去做、養成習慣「自然」去做。真正的自律是毫不費力。

3. 你在做的事情能夠帶來「成效」嗎？成敗的關鍵不是做「多少」事情，也不是每一件事情做得「多快」，而是我們有沒有持續做好最關鍵、最有成效的事情。

計畫　執行　檢查　行動
Plan　Do　Check　Action

PDCA
+
A/B test

Do A版本

Plan　　　　C

Do B版本　　　Action B版本

人生沒有失敗，
只有不斷 A/B 測試

進入成長循環

提出一個問題往往比解決一個問題更重要。

—— 科學家　亞伯特·愛因斯坦（Albert Einstein）

． ． ． ．

　　當我們設定好了目標、開始採取行動，朝目標持續前進的時候，別忘了偶爾抬起頭來，看一下自己走到哪裡？我有在原定路線上嗎？我迷路了嗎？該繼續走這條路線，還是換另外一條路線？

　　起初，我開始在 Facebook、Instagram 上發表貼文內容，原本用意是希望透過社群平台跟讀者互動，但卻發現，我花費了大量的時間在各社群平台之間切換，此外，還要針對不同平台，花時間設計不同的圖片規格。因為我有記錄的習慣，且會透過記錄來檢討，當我發現這個問題後，便採用了可以同步發表於各社群平台的數位工具，會自動調整符合平台的圖片格式，用最少時間，換取最大效果。

　　這跟執行專案的原則是一樣的，我們不能只是埋頭

苦做，而是邊做、邊看、邊修正。職場上，或許聽過「福特 8D 問題解決法」或「SWOT 強弱危機分析法」，台積電裡面常常見到這兩種方法。可是最實用、最能適應各種情境的方法，我首推「PDCA」。也許很多人知道這個方法，但我們如何用 PDCA，打造自己的夢幻工作，持續推進目標呢？

用 PDCA 創造人生的成長循環

PDCA 是一套循環式的流程改善方法，經常用於品質管理。四個英文字分別指的是：計畫（Plan）、執行（Do）、檢查（Check）、行動（Act）。透過這個循環，可以幫助我們在過程中不斷做出改進，確保工作品質。

如果是大型專案，常需要重新規劃目標、採取新的執行方案，可能需要回到開頭的「計畫」再進行一次循環。但如果是小型的目標，通常是持續在「檢查」和「行動」之間循環。在打造夢幻工作的時候，我會用商業模式來計畫，並分割成許多微型目標來執行，在執行過程中不斷檢查和行動。計畫和執行可以參考前面的章節，下面我將在檢查和行動的部分，進一步說明。

不斷地檢查（Check）

如果一條生產線運作得好好的，為什麼還要檢查？到底要檢查什麼？檢查之後要做什麼？

我們來想像一條有 A、B、C、D 四個站點的產品生產線，這條生產線每天最少要製作一百個產品，從處理原料的 A 站點，到包裝成最終產品的 D 站點，需要花費十天的時間。

某一天，A 站點的機台出現異常，產能下降到一天只能處理八十組產品。此時，如果我們沒有即時檢查，等看到 D 站點生產出的產品減少，甚至出貨時才發現產品短缺，此時再補救都已經太遲了。

當這個現象發生時，A 站點就被稱為生產線的「瓶頸」，是最優先要被解決和改善的問題。一條生產線的運作，就是持續透過檢查來發現瓶頸，然後挹注資源去解決瓶頸的過程。生產線的能力高低，取決於解決瓶頸和預防瓶頸發生的能力。

我借鑑了在生產線工作的經驗，在發展自己的說書事業時，也試著把整套作業流程轉化成一條生產線。

對我而言，我的材料就是一本書，產品就是文章和

Podcast 節目。我產出的每一篇內容都會走過一次作業流程，我的任務就是把這些流程上的每一個環節想清楚，提升每一個節點的效率，盡可能自動化，找到其中的瓶頸。我會透過數位筆記寫下從閱讀書籍、摘錄筆記、撰寫文章、錄音剪輯、排程發表，一直到跟讀者和聽眾互動，每個流程的執行步驟和時間花費，並且定期檢查。

找出瓶頸，工作效率加倍

像是一開始做筆記的時候，我是手寫在紙本筆記本上，先寫滿好幾頁之後，才打字變成數位筆記。我後來發現這個做法很緩慢，而且缺乏效率，後來乾脆不手寫了，我直接先打字到數位筆記軟體上面，在打字的過程中，也順道寫下自己對這個段落的心得。

此外，我也發現在寫一篇新文章的時候，常常覺得沒有靈感，也不知道要用什麼順序寫文章。一開始我都用自己的笨方法嘗試，過了一陣子才痛定思痛，決定採取其他更好的方法。後來我接觸到「寫作框架」這個概念，就開始去廣泛涉略不同的寫作框架。我會先選用某個寫作框架做為文章的骨幹，這大大提升了我的寫作速度。隨著我對框架愈來愈熟悉，也漸漸掌握了不同框架

適合用在哪些用途，在挑選框架的時候，更加節省時間。

透過持續不斷用 PDCA 循環來改善細節，我漸漸縮短產出一篇新文章的時間，從原本一篇要花 15 個小時以上，降低成現在大約 6 到 8 小時，就能從閱讀一本書到產出一篇部落格文章。

檢查就是透過回頭檢視自己的進度和成果，找出哪些方法有效，哪些方法無效。我們可以養成記錄的習慣，在執行過程中，記錄下重要的資訊、當時的想法，以及進展的程度，以便隨時檢查。有時候我會感嘆：「以前怎麼那麼笨？竟然沒想到？」可是現在回頭來看，那些都只是一個變得更好的過程，不必責備自己。採取 PDCA 循環時，必須記得兩件事情：

1.　要有留下紀錄的習慣。
2.　要有健康的反省心態。

留下紀錄，不要依靠記憶

我想趁這個機會介紹一個我很喜歡的用語，叫做「覆盤」。覆盤是圍棋的一個特有用語，意思是兩位棋手對弈結束之後，雙方或是其他棋手再將對弈的過程，按照落子順序逐步重來一遍，探究對弈內容並且精進棋

藝。我也會與過去的自己一起覆盤：

- 把曾經寫過的日記，拿出來檢討自己能改善的地方。
- 看過去執行的事情，檢討有無失誤的地方避免再犯。
- 檢查上週的進度，反省優先順序安排得是否適當。

因為「真正做過什麼」跟「記得自己做過什麼」是不一樣的。如果我們從來不曾做紀錄，單純依靠腦袋的記憶是非常不可靠的。只有當我們實際寫下，才有辦法反省當時發生的關鍵細節。

檢查心態：自省不等於自責

第二件事情，我們要對自己設定一個健康的心態，那就是分辨自責和自省的差異。

「自責」是歸咎於自己，不放過已經發生的事情，在腦中不斷上演那些無法改變的過往記憶。自責是用過去的舊錯誤，來懲罰未來的自己。

「自省」是歸功於自己，正因為經歷了那些難堪的錯誤，才能想出更好、更縝密的修正策略。自省是用未來的新機會，來榮耀過去的自己。

我認為最好的「檢查」就是透過自省的心態來進行覆盤。我們不需要被過去的錯誤給限制住，以前用的笨

方法就讓它成為過去式，以前發生不如預期的事就讓它成為往事。真正重要的是，我們針對那些不理想的地方，做出了什麼修正計畫？準備採取什麼行動？想要尋找什麼新方法？我們只是借助過去的紀錄和經驗，來決定下一步的行動。

不停地行動（Act）

進入 PDCA 的循環後，我們不一定更順利，相反的，檢討時反而發現執行上有更多不如意、不符合預期的狀況。很多人會視這種挫折為「失敗」，但我轉變心態，這種挫折感就不再阻擾我，甚至我愛上了失敗。

方法其實很簡單，我們只需要破除一個迷思。像我自己在學習「寫作」並公開發表的過程中，一定會有寫得不好的時候，一定會有寫得七零八落的時候，一定會有遭到批評的時候。而最糟糕的情況是什麼？我很有可能因為害怕失敗，導致不敢繼續練習，最後停筆不寫了。

矽谷創業家常常把「失敗」掛在嘴邊，像是大家琅琅上口的「快速失敗，時常失敗」（Fail fast, fail often.）、「失敗得早，愈快學到」（Fail early, learn fast.）這類口號。

矽谷創業家熱中討論的失敗，其實指的是反覆重做的實驗精神 ── **擁有嘗試新事物的自由和意願，直到找出能解決問題的方法。**

行動心態：把失敗視為「迭代」

實踐目標的路上不總是筆直地向前，中間會有錯誤的岔路，導致我們偏離原本的目標，有時候還需要原路折返。美國 Brightworks 木工學校早期發生過一段趣事，成立學校後第一年的某個週一早上，一位老師把班上教室的所有椅子都收走。學生進教室之後一頭霧水，老師給大家兩個選擇：第一個是，一整個學期站著上課；第二個是，跟老師到工作坊做出一把自己的椅子。當然，沒有人會選一。

每個學生都很興奮，到工作坊之後，拿起工具開始製作椅子。結果，沒有一個人的椅子可以撐超過兩天。但只要有人椅子壞了，老師就會請那位學生把椅子搬上課桌，大家一起討論這把椅子出了什麼問題。

當大家陸續做出第二把椅子後，發現坐起來很不舒服，又繼續改良出第三代。接著，又發現木頭的材質不應該選軟松木，而是要選硬木頭。學生們彼此討論椅子

的組裝流程，以及各個環節的設計方式。最終，他們學會了製作扎實好坐的椅了——一個真正的家具。

這位老師使用的方式稱為「迭代」（Iteration）。迭代是不斷對過程重複、重做，為的是更接近並到達目標或結果。每一次對過程的重複被稱為一次迭代，而每一次迭代得到的結果，會被用來做為下一次迭代的初始值。

在打造夢幻工作的路上，我們其實只需要知道自己想前往的方向，不一定要完全知道終點是什麼。因為我們只要一直根據上一次迭代的經驗，選擇一個我們認為正確的方向，就可以繼續前進。方向已經足以讓我們做出下一個決定。

不用刻意選擇失敗，而是選擇繼續迭代、繼續實驗。接下來我會分享一個我最常用的實驗方法。

測試兩種版本，選較好的那一個繼續迭代

我最常用的行動方法是，設計「兩種版本」的實驗計畫去執行，接著檢查結果，最後選定表現「比較好」的那一個，這種方法在軟體業界統稱為「A/B 測試」（A/B Testing）。但是使用這個方法，我通常會遵守兩個原則：

1.　把 A 版和 B 版測試的對象分成 1:1 的比例。一半的

人使用 A 版，一半的人使用 B 版。

2.　測試的對象必須是完全隨機。目的是避免先入為主的偏見，能夠獲得更加客觀的實驗數據。

　　A/B 測試可以用在很多地方，像是網站開放一個新的功能、網頁設計師評估哪種設計比較受歡迎、數位行銷人員觀察哪種方式能促進購買率，就連 Google 的搜尋引擎演算法，也使用 A/B 測試的方法來優化。

　　以我的電子報「訂閱人數」為例。除了訂閱人數之外，我更在乎的是訂閱者的「開信率」。因為一封 Email 要被讀者打開、被讀者閱讀才有價值，否則就只是沉睡在讀者信箱裡的一串數位符碼。開信率愈高，代表讀者愈想讀到這封信，代表這封信的價值就更高。

　　開信率可說是一份電子報的品質指標。在我開始經營電子報的時候，開信率大約是 35% 左右。接著，我嘗試用 A/B 測試來提升開信率。

　　原本，我把電子報當成一個「部落格文章更新」和「Podcast 節目更新」的通知信，每封信裡只有一個資訊，那就是最新內容又更新了。後來我認真思考，電子報不只能用來「通知」，電子報本身也要有「價值」。

　　我想到自己時常透過 Facebook 和 Instagram 發表「好

書金句」和「每日小筆記」，都獲得很好的迴響，讀者可以在極少的字數內，吸收到一個觀念或一句名言。於是，我試著把這樣的價值，整合到電子報裡面，設計了兩種版本的電子報格式。

- **A 版（原始的舊格式）**：寄送最新的文章和節目「通知」。
- **B 版（實驗的新格式）**：寄送最新的文章和節目「通知」，加上兩則「好書金句」，以及一則「每日小筆記」。

我的電子報訂閱者一半的人收到 A 版，另一半的人收到 B 版。這個實驗我總共進行了一個月，寄出八封電子報。最後我檢查實驗數據，得到一個令我驚喜的結果。

A 版電子報的開信率是 35%，但是 B 版電子報的開信率則接近 50%。

得到這個顯著的結果之後，我繼續迭代，用 B 版當做下一次實驗的初始值，繼續實驗不同的標題寫法、副標題寫法等，最後開信率提升到超過 50%。

一直以來，我都是把 A/B 測試應用在經營說書事業的各個環節當中，從讀書心得的段落順序、部落格文章的標題、社群貼文的圖片格式，一直到貼文內容的排版

等，全都進行一輪實驗，找出一個相較之下更好的選項。

秉持同樣的精神，我們也可以在生活和工作上面做 A/B 測試，找出「更好的」那一個。如此一來，絕大部分的嘗試就會變成兩種不同行動的有趣實驗，而不是採取單一行動遭遇到的可怕失敗。

個人成長，就是一場場實驗

在說書節目獲得關注之後，有很多採訪我的人喜歡問我，這一路上我印象最深的「失敗」是什麼？我常常一時之間答不上來，因為在我打造說書事業的過程當中，已經將所有事情都當成「實驗」，總是會遇到好一點的結果和差一點的結果，而我只是不斷地測試和採納不同的實驗結果罷了。

如果可以的話，**我會把字典裡面的「失敗」兩個字劃掉，改成「實驗結果比較差」；然後把「成功」改成「實驗結果比較好」**。如果我們秉持實驗精神來打造自己的夢幻工作，不管如何進行實驗，一定會有「比較好」和「比較差」的兩種結果。我們只需要挑選「比較好」的那個做為後續行動的基礎，再進行下一次的實驗就可

以了。

　　我們可以把自己想嘗試的事情，搭配 PDCA 循環和 A/B 測試，就連培養運動習慣，也可以採取這種實驗策略。我們可以先測試「時段」，一個禮拜先早起半小時運動，另一個禮拜在下班後的半小時運動，每一天都記錄自己的心情、體力和隔天的精神狀態，然後挑選效果最好的那個。我們也可以測試「種類」，一個禮拜都做瑜伽，另一個禮拜都出門慢跑，同樣記錄和檢視，再採取一個最喜歡的種類繼續做。我們也可以測試「形式」，一個禮拜都在家裡跟著 YouTube 影片做瑜伽，另一個禮拜前往韻律教室做瑜伽，同樣記錄和檢視，才決定一個最適合自己的形式。

　　這種實驗的策略，會確保我們培養出最符合自己需求、喜好、時間分配的運動習慣。無論快一點、慢一點培養出運動習慣都無所謂，因為在實驗的過程當中，我們嘗試了各種可能，而且更認識了自己，這都是寶貴的學習和成長。

　　用實驗的精神來看待人生，等待我們的就剩下兩種可能，慢慢成功，或者比較幸運的人——快一點成功。

關鍵心法

1. 記得在執行的過程中，記錄下重要的資訊、當時的想法，以及進展的程度，以便隨時檢查。透過回頭檢視自己的進度和成果，找出哪些方法有效，哪些方法無效。

2. 進行嘗試的時候，不一定要完全知道終點是什麼。只要一直根據上一次迭代的結果，選擇一個你認為正確的方向，就可以繼續前進、持續優化。

3. 把人生當成一次又一次的有趣實驗，而不是非贏即輸的可怕賽局。

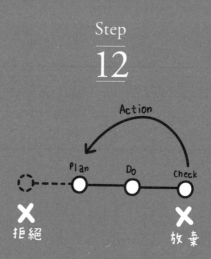

不做比做更有效率

放棄與拒絕

說不，並非辜負別人，而是為了維護自己。設定邊界並不會顯得你不尊重，反而是表達了你對自我的尊重。

——心理學家　亞當·格蘭特

． ． ． ．

　　我以前很相信「堅持到底」的美德，甚至可以說有一點「過度頑固」，而這害了我。

　　這個狀況在我開始寫部落格的時候，還一直糾纏著我。我的第一篇文章發表在 Medium 部落格平台上，我也是在這個平台讀到第一位讀者的留言回饋，讓我產生了「我的內容可能對別人有幫助」的念頭。自此之後，我就每隔兩到三週發表一篇文章上去。隨著我看到很多國外作家在這個平台上獲得了財務和名望上的成功，讓我一度下定決心，要在這個平台持續不斷地創作下去。

　　起初，一切都很美好，我利用下班時間寫作，發表文章，獲得回饋。我試著把平台上面的頁面弄得漂亮一點，加入許多點綴和美化的巧思。但是，畢竟平台的版

面格式是寫死的，我只能依照平台開放的功能去編輯，無法調整成自己心目中最理想的版面模樣。接著平台調整了文章付費牆的功能，我雖然不喜歡它呈現的樣貌，卻也只能摸摸鼻子接受。平台也限制了網址的呈現方式，像是我這種比較晚加入的使用者，只能拿到又臭又長的網址。我發表在上面的文章愈多，心裡的委屈就愈多，但卻不想轉移到其他平台。我覺得自己必須堅持到底，否則就是半途而廢。

直到女友有一次又聽到我在發牢騷，我一直碎唸這個平台有哪些地方不符合我的需求，她就給了我一個建議：「你要不要仔細回顧一下，在平台寫文章和自己架網站的優勝劣敗啊？你一直抱怨也不是辦法，該做個決定了吧，長痛不如短痛。」

我這才驚覺，原來我離不開平台的原因，只是因為覺得應該堅持，捨不得已經設定好的版面，放不下已經建立起來的搜尋引擎權重（SEO）。直到我回顧那幾個月撰寫的子彈筆記日誌，才發現有這麼多的問題一直累積在我的心中。原來我一直盯著短期的損失而不敢行動，卻忘了回頭檢視這些不便帶給我多少的不愉快。

最後，在女友的鼓勵下（我猜是她不想再聽我發牢

騷了），我終於決定放棄在 Medium 長期寫作，開始學習自己架設網站。

還記得前一章我們談的 PDCA 嗎？藉由 PDCA 的循環步驟，我們必須依據記錄下來的資訊進行判斷，擬定接下來要採取的行動。所謂的行動談的不只是「做」什麼，更重要的是透過檢查來決定「不做」什麼。我們接著來聊聊何時要「放棄」和何時要「繼續」。關於放棄，韓國女生柳韓彬的故事讓我深感共鳴。

讓自己不後悔的「放棄框架」

她出社會時，是一位熱愛動物的獸醫，是一般人眼中的人生勝利組。但是她內心知道，自己在日復一日的疲憊和忙碌中，過著茫然的上班生活。她開始利用下班時間參加許多活動，學習自己感興趣的事情，像是當美妝網紅、音樂劇演員、學繪畫、當部落客、開發 App 等。在過程當中，她才逐漸發現自己真正的志向，後來成為一位成功的 YouTuber，還販售起獨家的筆記本商品。

通常我們讀到這種故事時，心中都會發出「哇」的一聲，有點羨慕又有點忌妒。我們著迷於她的成就，卻

忽略了使她成功的關鍵。這個關鍵就是：她懂得放棄。

如果我們仔細觀察，會發現她有寫筆記的習慣（後來成為了她的商業利基）。她會記錄自己做過的嘗試，寫下當時的心情、整理執行的成果。透過一次又一次的嘗試、失敗、檢查、再度嘗試，她快速地放棄各式各樣不適合自己的事情。

她一開始試著拍美照當 IG 網紅，放棄。挑戰當音樂劇演員，歌唱得不夠好，放棄。學繪畫和影像軟體，但太粗線條容易犯錯，放棄。經營部落格，但漸漸失去興趣，放棄。開發一款全新 App，成本和難度太高，放棄。

這些失敗和放棄的經驗，讓她更快速地找到真正熱中的斜槓副業：經營 YouTube 頻道。後來她還寫出《原子時間》這本書，傳授自己的時間管理祕訣，並販售自己設計的時間管理筆記本。

如何決定是否要放棄？

我們該怎麼決定是否要「放棄一件事情」？我大力推薦英國企業家史蒂文・巴特利特（Steven Bartlett）曾經提出的「放棄框架」，透過少數幾個選擇題就可以幫我們做出「放棄」的決定。

圖 12　放棄框架

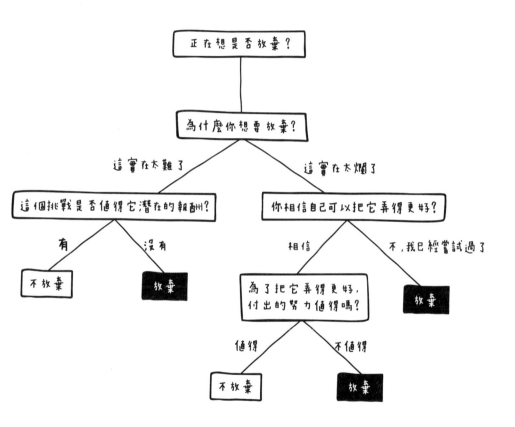

懂得放棄的人不是魯蛇，而是贏家。

在經營自媒體的路上，我也是新手，但我秉持做實驗的精神，設定一個「假設」，進行持續且連貫的「執行」，過一陣子再回來「檢查」結果，驗證了我的假設之後，再做出下一個「行動」。

我在打造自己的說書事業時，特別是針對「社群平台」這個部分，除了大家常見的 Facebook、Instagram 之外，有更多是被我放棄的項目。我就是用「放棄框架」的思考方式，放棄（或半放棄）經營以下這些社群。

1. Twitter

在歐美國家，Twitter 是政商名人和意見領袖最愛用的發文平台，可是在台灣表現如何呢？我用「自動發文」的機制，在 Twitter 上面持續發表了接近三年的貼文，全今只累積了 150 位追蹤者，且沒有發生過任何的讀者互動。不過，因為我用的是自動發文機制，所以基本上我從來不用去管理它，這個成果只是讓我知道，Twitter 在台灣還不是一個成氣候的平台。我用放棄框架來思考：

- **正在想是否放棄它？** 是。
- **為什麼你想放棄它？** 因為它的效果很差。
- **你相信自己可以把它弄得更好嗎？** 可以，我能夠

邀請讀者前往追蹤和互動，也能在上面發表更符合平台格式的內容。

- **為了把它弄得更好，付出的努力值得嗎？** 不值得，我的九成觀眾來自台灣，整體使用者習慣都不在 Twitter 上，投入的努力換不回值得的報酬。

2. Matters、方格子、Medium

一開始我在這三個平台上也有發文，主要目的有兩個：第一是增加觸及該平台讀者的機會，第二是為我自己架設的「閱讀前哨站」部落格，增加搜尋引擎權重。我後來觀察，會從這三個平台「點擊」回到閱讀前哨站，而且還「訂閱」電子報的轉換率，其實非常低。此外，閱讀前哨站的搜尋權重，已經達到一個很高的水準，凡是書籍心得文章，基本上都在搜尋前三名的位置。綜合上述兩點，我也決定暫停在這些平台上同步發表文章，改以引導讀者回閱讀前哨站或訂閱電子報為主要目標。我用放棄框架來思考：

- **正在想是否放棄它？** 是。
- **為什麼你想放棄它？** 因為要花心力維護。
- **這個挑戰是否值得它潛在的報酬？** 不值得。

3. YouTube

　　我在一開始架設部落格的時候，就曾經想過要拍攝說書影片，或者製作成動畫版的影片。但後來我考量到製作影片所需要的時間成本太高，也需要更昂貴的設備和剪輯軟體，因此作罷。直到我創立了 Podcast 節目「下一本讀什麼」，才重新檢查自己的想法，盤點當時市場上的情況。最後我決定將 Podcast 說書音頻轉換成靜態版的 YouTube 影片，這個方式所花費的時間與金錢成本極低，又能夠滿足部分聽眾喜歡用 YouTube 收聽的需求。我用放棄框架來思考：

- **正在想是否放棄它？**　是。
- **為什麼你想放棄它？**　製作影片的時間和金錢成本太高。
- **這個挑戰是否值得它潛在的報酬？**　值得，因為 YouTube 是世界第二大的搜尋引擎。我採取「Podcast 靜態影片」的方式來解決。

如何決定繼續做下去？

　　任何一項新的計畫，必須在執行之後定期檢查成效，然後決定下一步的行動。接下來分享一個 PDCA 成

功的案例。

我從 2022 年開始嘗試一種新的貼文「每日小筆記」，白色背景搭配黑色純文字的 150 到 250 字短文筆記。由於有讀者很好奇我每天都做了哪些筆記？我所謂的持續做筆記是什麼意思？所以我就向讀者公布一個新的計畫：「接下來我每天都會貼一則筆記。」除了直接分享我的最新筆記之外，也希望達成長期的複利效應，讓創作的內容可以接觸到更廣大的讀者，對自己也是一個額外的驅動力，讓我保持每天撰寫筆記的習慣。

那麼，執行這個計畫的一個月過後，成效如何呢？檢查實際的數據發現，除了我在社群平台上面的舊發文排程之外，我從 2022 年 3 月 27 日開始每天多發表一篇小筆記，累積 28 天之後，獲得了下面的成果：

▪ **Facebook**：觸及人數增加了 85.4%。

▪ **Instagram**：觸及人數增加了 519.2%。

接著，我進一步分析這兩種社群媒體的差異，因為我在 Facebook 的貼文數量比較多，所以每日小筆記的貢獻程度，稍微少了一點，但還是帶來了接近一倍的成長。而 Instagram 的發文數量比較少，所以新增了每日小筆記之後，觸及人數竟然暴增了五倍以上。

這套方法，除了增加社群平台的觸及率之外，對我而言，最有收穫的就是促使我每天都要寫出一些東西，等於是另類的寫作儀式。這使我必須保持文字的敏銳度，持續思考、聯想、探究不同想法之間的關係，讓我保持創作的手感。

當我們透過檢查，發現數據支持了自己的計畫，接下來要做的就是，繼續保持執行的紀律。我始終相信，微小的改變，能帶來巨大的成果。

放棄和半途而廢的差別

最後，我想特別提醒一件事情，那就是放棄和半途而廢，是天差地遠的兩件事。

放棄是當我們實際採取行動、多方嘗試、檢視結果之後，做出深思熟慮的決定。適當的放棄並不是代表我們很弱，只是表示我們把寶貴的時間、精力，用在真正重要的事情上面。

半途而廢是當我們用半吊子的態度去執行，漫不經心地用感覺和情緒做出的決定。半途而廢的人並沒有想清楚，自己真正想要的是什麼。他們把時間和精力，用在其他根本不重要的事情上面。

放棄是一種選擇，是堅持過後才瀟灑放手的美德。半途而廢是一種放任，是漫無目的地自以為瀟脫。

　　因此，我們不需要一開始就把「刻意練習」或「恆毅力」奉為圭臬，覺得放棄的人就是懦弱或魯蛇。我們要的事情其實很明確，就是事前的規劃和實際的執行，透過自己累積的經驗和數據，發展出更為敏銳的直覺，知道哪些事情是不值得堅持的。

　　只有放棄那些不重要的事情，才能聚焦於真正重要的事，挖掘出值得堅持到底的事。

「優雅拒絕」是門藝術

　　身為說書人，我經常收到出版社的書籍推廣邀約，但基於我對選書原則：挑自己有興趣的內容、作者背景扎實、評價普遍良好，所以基本上，我拒絕掉的書，遠比接受的書來得多。我認為保留時間給自己認為值得推薦的書籍，是對自己時間最好的尊重。

　　近代管理學之父彼得‧杜拉克（Peter F. Drucker）曾經說過一句充滿智慧的經典名言：「最沒有生產力的事，就是用更有效率的方式，去做根本不該做的事。」漸漸地

圖 13　「做必要的事」與
「拒絕不必要的事」投資報酬率

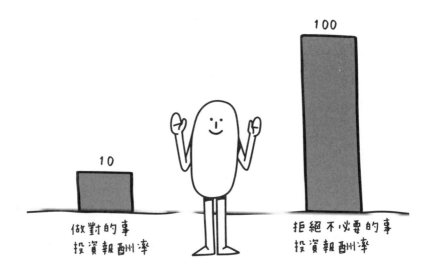

100

10

做對的事
投資報酬率

拒絕不必要的事
投資報酬率

我也發現：答應一件不必要的事，會導致後續的痛苦；而拒絕一件不必要的事，反而會讓我減輕我的心理負擔，把心力放在必要的事情上。

所以，選擇「不做」的事，才是最有生產力的事。我們只要用一個簡單的邏輯，就可以判斷兩者的差異：

- **做必要的事情**：做起來很辛苦，我們會試著提高效率，對於收穫感到心滿意足，長期下來便發揮了複利效應。

- **做不必要的事情**：做起來很辛苦，心情愈來愈差，效率跟著變差。好不容易完成本來就不必要做的事情，卻發現根本沒什麼效用。

因此，如果量化「做」與「不做」的投資報酬率就會變成：

- **做必要的事**：投資報酬率可能只有 10。

- **拒絕不必要的事**：投資報酬率可能高達 100。

克利爾曾經針對「拒絕」這個主題，寫了一篇精采的文章〈終極生產力的祕訣，就是說不〉。在這篇文章裡，他分析了一般人不擅長拒絕的原因，因為人們不希望被視為無禮、粗魯的人，為了不傷感情，所以傾向答應別人對自己提出的請求。關鍵在於，我們沒有真正理解「拒絕」和「答應」的差異：

- 當你說「不」，只是拒絕了一個選項。
- 當你說「好」，等於拒絕了能在這時間完成的任何其他的選項。

  說「不」只是一個決定。說「好」卻是一個責任。

優雅拒絕第一步：建立自己的「拒絕框架」

了解到拒絕的好處後，我嘗試用 PDCA 的精神，設計了一套「拒絕框架」來幫助我做出拒絕的決定。這套方法背後的邏輯，就是當我們收到任何新的請求、新的邀約、新的合作需求時，就在腦中快速跑過一次「虛擬的 PDCA」，對其中每一個環節做出「是」與「否」的判斷。具體的步驟如下：

- **P（計畫）**：這件事情符合我（或公司）的目標嗎？
- **D（執行）**：我對執行這件事感興趣嗎？
- **C（檢查）**：這件事情能帶來長期效應，還是短期收益？
- **A（行動）**：採取這項行動的難度和挑戰性，非得由我來做不可嗎？

以下舉兩個例子，說明我是如何透過「拒絕框架」來進行思考，並做出決定。

圖 14　拒絕框架

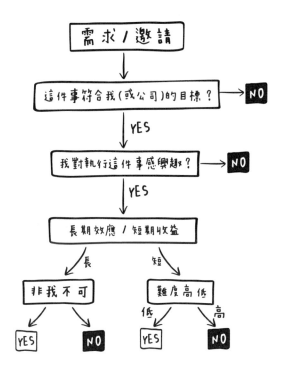

第一個例子是來自企業的講課邀約，內容是「如何領導新世代的下屬」。這個邀約跟我喜歡閱讀「職場」和「溝通」方面的書籍很符合，我對這個主題本身就很感興趣。這是一個一次性的講座邀約，屬於短期收益。但長遠來看，未來有機會發展成授課對象是高階經理人的長期課程。但是，考量到執行的難度之後，我發現當時自己尚無素材，因此這是一件難度高、挑戰性高、需要投入許多時間的事情。此外，即使我投入時間開發成能帶來長期收益的講座，也不一定要由我來做，在市場上還有其他更適合講這個內容的人。所以我選擇拒絕。我的判斷流程是：

- **這件事情符合我（或公司）的目標嗎？** 符合，我會撰寫職場和溝通方面的議題。

- **我對執行這件事感興趣嗎？** 我對主題本身感興趣。

- **這件事情能帶來長期效應，還是短期收益？** 一次性講座，屬於短期收益。

- **採取這項行動的難度和挑戰性？** 當時尚無素材，難度高、挑戰性高、需要投入的時間成本高。

第二個例子是來自其他自媒體經營者的邀約，內容是「共同經營影音類型的閱讀頻道」。這個邀約很符合我

的目標「傳遞閱讀的美好」，而且我對影音很感興趣。這件事情一做就必須做很久，能創造出長期效應，但我對合作對象是否能長期經營感到不安。我接著考量到這件事情非得由我來做不可嗎？如果對方跟其他的合作對象搭檔，也能有相似的成效嗎？我認為要實踐這個經營模式並不是非我不可，而且協同合作也有一定的複雜度，影音製作更是新的挑戰，需要額外的成本。綜合考量之後，我選擇拒絕。我的判斷流程是：

- **這件事情符合我（或公司）的目標嗎？** 符合，傳達閱讀的美好給更多的人。
- **我對執行這件事感興趣嗎？** 我對影音媒介感興趣。
- **這件事情能帶來長期效應，還是短期收益？** 長期效應。但我對合作對象是否能長期經營感到不安。
- **非得由我來做不可嗎？** 要實踐這個經營模式並不是非我不可。

以上兩個例子是比較耗費腦力的決定，其他類型的要求和邀約則容易許多。例如，跟事業目標無關的合作、我不感興趣的書、我不感興趣的人、不能帶來長期效應的事物等。絕大部分的要求，會在框架的前一兩步，就被過濾掉。

PDCA 的最高境界，就是不需要做 PDCA。建立一套拒絕框架，有助於我們拒絕一切根本就不必去執行的事。

優雅拒絕第二步：明確拒絕，原因模糊

一旦我們清楚拒絕的重要性，以及拒絕是對自己和他人的尊重之後，就能以正確的心態，採取適合的拒絕態度和對話。這時候，我們常在網路或書中看到的「如何拒絕」技巧，才能夠真正派上用場。

例如，當對方提出一個情感上的需求，可以說：「謝謝你想到找我幫忙，但我目前也身陷其他的困擾，很抱歉沒有辦法答應。」當對方提出一個任務的需求，可以說：「很開心你先想到我，但我沒辦法答應你，因為我還有非常重要的事情必須要完成。」當對方提出一個可以由別人來完成的需求，可以說：「我可能不是最佳人選，你有問過 A 嗎？他或許更幫得上忙。」

專精於個人生產力的知名學者卡爾‧紐波特（Cal Newport），在他的暢銷著作《深度工作力》（*Deep Work*）這本書裡表示，他的拒絕心法是「明確拒絕，但是模糊解釋拒絕的原因」。

他曾經回絕一個很花時間的演講邀請，因為他在同

一時間已經安排了出差，但是他不會提供細節，因為對方有可能會提議用「另外一種方式」，來配合他的行程。因此，他這麼說：「聽起來很不錯，但因為時間衝突沒辦法，謝謝。」而不是提供任何有可能耗費時間的「第二選項」來安慰對方，說：「很抱歉我不能參加，但我很樂於看看你們有什麼其他提案，並且提供我的意見。謝謝。」

假如回覆第二種保留「一線生機」的信件，對方肯定會想其他的方法繼續邀約。更糟的是，如果我們「帶著保留地拒絕」，之後對方又有求於我們，肯定得再花時間回應，因為我們必須履行自己給出的承諾（例如前面說「提供我的意見」）。於是，回覆了一封電子郵件，又產生更多的電子郵件。

優雅拒絕第三步：先表達感謝，再致上歉意

如果我們覺得明確拒絕，好像很傷感情，不妨看看我的婉拒信。我一天要拒絕的邀請，遠超過我答應的邀請，所以我不斷修正婉拒的方式，希望能讓對方感覺更好。我會把信件的範本存起來，需要用的時候，按照這個範本再做修改就可以了。

非常開心收到您的來信邀約，但由於這本書目前比

較不符合我接下來閱讀的方向,先跟你婉拒這份邀請。我相信這本書的推廣即使沒有我,也一樣會非常成功,給予最好的祝福。再次感謝!

如果我們想節省每次婉拒所花費的心力和時間,可以在隨身的筆記本或數位工具裡面,儲存你的「拒絕範本」。往後,只需要花很少的心力,就可以套用範本調整成合適的回覆。

拒絕的時候,充分表達我們的感謝、祝福和歉意,就是一種最好的「不含敵意的拒絕」。我會隨時牢記我的界線和準則:瑣事簡單做,重要的事努力做,把時間用在真正重要的事情上面。

放棄和拒絕,是人生的減法哲學

如果有任何的事情或請求,我們覺得「還好而已」,那就不要答應;反之,如果我們覺得「太棒了,這件事非我不可」,那我們才點頭。做出回應之前,記得回顧自己的長期目標,任何偏離目標的事情,都值得給出一個明確的「不」。

隨著時間過去,我們會發現,要拒絕的請求變得愈

來愈難以拒絕，但這是一件好事。如同 Apple 創辦人史蒂夫・賈伯斯（Steve Jobs）所說：「人們認為專注是對你關注的事情說『是』，但這並非專注的真正意思。專注意味著，你必須對其他的一百個好點子說『不』。你必須謹慎地選擇。」

水的清澈，並非因為不含雜質，而是在於懂得沉澱；**心的通透，不是因為沒有雜念，而是在於明白取捨。**那些能夠看清楚目標、勇往直前的人，往往是體悟並奉行「減法哲學」的人。

透過減法，果斷放棄和拒絕。當我們放棄和拒絕了那些不重要的事情，聚焦於真正重要的事情時，通往目標的道路才會展開在眼前。

當我們離目標愈來愈近，就會遇到愈多看似不錯的機會，卻是讓我們分心。而成功達標的關鍵就在於，分辨哪些是機會，哪些讓我們分心。通常，值得把握的機會很少，需要被捨棄的分心很多。

1. 你必須先採取行動、多方嘗試,透過「放棄框架」的流程去檢視結果,最後做出決定。

2. 你可以按照「拒絕框架」來思考,有助於你拒絕一切根本就不必去執行的事。

3. 當你說「不」,只是拒絕了一個選項;當你說「好」,等於拒絕了能在這時間完成的任何其他的選項。答應要謹慎,拒絕要果斷。

遇到叉路的選擇與勇氣

—— 相信自己

2021年9月16日，我從台積電正式離職了。

時間倒轉回到離職前一週的星期五、離職的倒數第二天。明明就還不是最後一天，但是在我走過連接台積南科廠F18A和F18B的長廊時，突然有一股很壓抑的情緒在心頭湧現。

當我快要走到金屬探測機閘門的時候，心裡冷不防地冒出了一句：「我好喜歡這家公司。」邊走邊想著，我現在的一切成就，都是因為這家我熱愛的公司，培養我、磨練我、照顧我。沒有在這家公司的歷練，就沒有現在的我。

就因為這股由衷的熱愛，我內心浮現了在垃圾場長大的劍橋博士泰拉‧維斯托（Tara Westover）跟原生家庭分道揚鑣時的感觸，她在回憶錄《垃圾場長人的白學人生》（*Educated*）的描述令我深有同感：「你可以既深愛著某人卻又選擇和他道別。你可以每天都思念著他，卻又慶幸他們不再活在你的生命中。」這像極了我當下的心情。我愛這家公司，但我不得不向它道別。

在另外一個平行時空，我跟這家公司持續走下去，打造更璀璨的未來，有許多新的成就和挑戰。我知道，會很好的。

但是在這個時空的我，選擇了離職這條路，因為更讓我感到好奇的是，嶄新的、冒險的、自由的人生，會是什麼樣貌？

　　在同一天的稍早，我從很多老戰友、老同事和各級主管的口中，獲得了滿滿的祝福。在我開口提離職之前，我曾經害怕地要死，我好怕聽到：「你瘋了嗎？你不可能成功吧！幹嘛放棄大好前程！你這樣做太冒險了！」我原本好擔心會聽到這樣的話。但是，一句也沒出現。讓我感到驚訝的是，在這一天向我道別的所有人，都對我充滿了祝福。

　　我內心一顫，這些內心的害怕與擔憂、批評與阻撓，從頭到尾都是我施加給自己的緊箍咒。面對滿溢的祝福，讓我當下的心頭揪得更緊了。

　　走過金屬探測閘門的時候，我全身一陣麻，腦袋開始發熱。我開始幻想著，下禮拜一上班的最後一天辦離職手續之後，同樣要走上這條路，然後「最後一次」刷出這道閘門。我會不會流下男兒淚呢？最後一次刷卡的場景開始在我腦中浮現，我的頭開始感到有些脹脹的。

　　等到我的私人物品都順利經過了X光機後，我用平常慣用的順序將鑰匙放進右口袋，將手機放進左口袋，將

錢包放進左後口袋，拿起筆記本繼續往前走去。刷卡出閘門的當下，我心想：「就這樣了嗎？」

「嗶！」的一聲，我俐落地走出閘門，繼續走向地下停車場。

在樓梯間的轉角間，我看到熟悉的工安宣導，我以後會不會很懷念它呀？我記得這座工廠的裝潢、地板的材質、牆壁的配色、空氣中瀰漫的味道。一切是這麼地熟悉。我走過停車場的電動門，繼續朝我的汽車走去。

我想，我一定會很懷念。一定的。那些曾經輝煌和艱難的畫面，全部交織在一起，夾雜在心頭。「這就是我長大的地方。」我心想。

打開車門，我熟練地把筆記本丟到副駕駛座，一屁股坐上車子。不知道過了多久之後，激動的情緒才漸漸緩和下來。我不知道下個禮拜回來走最後一趟的我，會比現在還更激動嗎？還是我會更平淡地看待這一切呢？我不知道。現在唯一要做的，就是發動車子，前往下一段旅程。再會了，我的愛。

從探測閘門走出來這條短短的路，我其實走了將近兩年。從質疑生命的意義、對職涯道路感到迷惘，到實際計畫且行動，最後達成我給自己設定的目標，才下定

決心選擇這條自己不會後悔的道路──離開公司。

　　原本的工作對我而言，已經變成了很舒服的舒適圈，當我拓展自己的舒適圈後，發現其實我可以擁有更多的選擇，也因此看見不同於以往的職涯道路。我們要有更多選擇，就要先跨出舒適的領域。而當我們有機會做出抉擇的時候，可以用什麼方式來思考，避免產生後悔和遺憾。接下來，我將分享我是怎麼做出這個重大的人生決定。

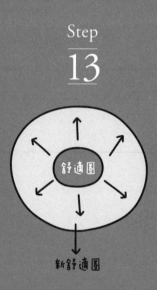

舒適圈

新舒適圈

踏出舒適圈的
勇氣

生命格局的大小取決於勇氣的多寡。

　　　　　　　　　　——美國作家　阿內絲・尼恩（Anaïs Nin）

・・・・・

　　做出離職的決定之前，我曾經先透露給一些身邊的好友知道。他們第一個反應是問我：「你好不容易才爬到這個職位，為什麼要離開舒適圈？」我覺得這是一種很常見的誤解。

　　我們很容易只以結果來判斷事情，所以往往只關注「舒適圈內」和「舒適圈外」的兩種狀態的差異，卻很少細究其中的過程和原因。我先分享一個過去我如何把舒適圈慢慢向外拓展的有趣過程。

把陌生領域變舒適圈

　　在剛踏入職場的時候，我是一個十足的內向者。我擅長獨力執行專案、製作圖文並茂的簡報、透過 Email 或

書面資料向上級匯報專案的進展。這是我一開始在職場上的舒適圈。但是，每當要上台簡報時，面對會議室滿滿的同事和主管，我內心總是十分緊張，我每次都把沒有操作滑鼠的那隻手藏在身後，避免被別人看到我的手在發抖。

在報告的時候，我講話經常愈講愈快，有時候一句話還重複講好幾次。我曾經因為自己是內向者，安慰自己不需要太勉強，不要刻意嘗試那些自己沒有天分、本來就不擅長的事情。

直到主管留意到了我的狀況，鼓勵我要多爭取、多舉手、多發言，把講話和演說的技巧練好，對未來的職場發展有很大的加分效果。我留意到，在職場上表現出眾的主管，他們口語表達和口頭簡報的能力，都是在平均值之上。儘管有些主管平時看起來文靜木訥，但一旦他們上台做簡報，就像是換了一個人似的，變得侃侃而談、神色自若。

經過幾番思量之後，我才接受一個事實，不論未來的工作如何，表達能力和口語簡報的技巧，都是一項「必要」的技能。因此我決定踏出那不舒適的一步：提升自己口語簡報的能力。

之後每當要報告之前，我就會準備一份大綱和細項列表，先在心裡面默背起來，上台的時候照稿演出。在會議室對自己部門的同事們練習久了，我開始瞄準下一個更大的目標，參加公司內部的簡報競賽——面對評審和上百名的聽眾。

　　我印象最深刻的，仍然是第一次的準備經驗，我稱之為「過分充足的準備」。在正式比賽的前兩週，我把一場限時三分鐘的報告，寫成一份純文字版的「口語稿」，請我的同事和女友幫我看過之後，給我建議。果不其然，第一版口語稿寫得文謅謅的，我根據他們的建議逐字修改，後來寫成一版更口語化的版本。

　　在比賽的前一週，我把整份口語稿背誦下來，每天下班之後在心裡默背，然後再講一次給我女友聽，讓她挑毛病、給建議。我透過反覆不斷的背誦練習，把整份講稿記得滾瓜爛熟，連作夢的時候都夢到自己在台上演講。直到這個時候，我才有餘力去調整自己講話的抑揚頓挫，針對想要強調的關鍵字，放慢語速。

　　在正式比賽上台時，面對台下的評審和兩百多名觀眾，我的心情雖然緊張，但是我腦中理性的聲音告訴我不用擔心，無論自己的臨場表現怎麼樣，我都有信心可

以把講稿內容一字不漏地說出來。

　　就這樣，我完成了第一次的大型簡報比賽，收得一個中等名次的成績。透過第一次的經驗，我知道這個過程是有效的：過分充足的準備，加上反覆的刻意練習。

　　此後，我從工程師晉升到主管的過程中，參與了無數場的各類競賽發表、內部教育訓練授課、協助校園招募對學生的演講。從第一次需要超過 20 小時的練習，到第二次變成 15 小時的練習……隨著上台演說的次數增加，我需要準備的時間逐漸遞減。

　　轉職到台南新工廠工作後，我又參加了一次公司簡報大賽，賽前我完全沒有寫演講稿，只看投影片就開始直接說故事，把整個簡報脈絡記在腦海裡，甚至還能倒背如流。雖然我在上台的前一週還是在心中演練，但跟剛踏入職場的我已經截然不同。正式上台演說的時候，我覺得自己不是來參賽，而是來分享的。正因為心境的轉換和長期練習的累積，我的表現反而更從容、更流暢，最終獲得了首獎的肯定。不知不覺，公開演說已經變成了我的新舒適圈。

　　我相信，儘管是我們原本不擅長、感到不舒適的事情，**只要有目標、有計畫、有方法、有行動地逐步執**

行，無論快或慢，都會持續進步。人的能力是會成長的。

踏出舒適圈是為了提升能力

「舒適圈」的最普遍定義是：一個人所處的一種環境的狀態和習慣的行動，人會在這種安樂窩的狀態中感到舒適，並且缺乏危機感。為什麼舒適的環境不待，偏要跳進一個讓自己不舒適的環境受苦、擔心、害怕呢？如果單純強調不舒適的痛苦，才沒有人會願意這麼做。

我認為所謂的踏出舒適圈，並不是為了「刻意讓自己不舒服」，強迫自己踏出去，而是為了一個潛在的可能性：抵達下一個階段的舒適圈。這才是踏出舒適圈的原因，因為下一個階段的我們，有可能「更舒服」。

接著是抱著提升自己的心態，從那些不舒服的體驗當中學習。我們並不是刻意追求痛苦，而是樂於在辛苦和不舒適的新環境茁壯，成為一個更好的自己。這就是過程，我們可以一隻腳踏在原本的舒適圈裡，借助原本舒適圈的優勢，再把另一隻腳踏進不舒適的環境，學習建立新的優勢。

當我們先看到背後的願景，內心嚮往下一個階段的

舒適圈，才會對過程中的不舒適甘之如飴，更有目的、有計畫地行動。擬定計畫地踏出舒適圈，是一種投資；缺乏計畫地跳脫舒適圈，只是一種賭博。

踏出舒適圈是為了探索職涯

很多人認為，我從台積電離職，是一個踏出舒適圈、很有勇氣的決定。甚至有讀者問我，該不該像我一樣果斷地離職，做自己想做的事情？該不該大膽投入自己的斜槓事業？我認為這都言之過早。

我的建議是，除非自己很清楚踏出舒適圈的「原因」和「過程」，而且確認了「結果」是符合自己所需的，否則不要貿然離職。

對我而言，離職並不是離開一個原本舒適的地方，刻意讓自己受苦。完全相反，離職的原因是為了要無縫接軌下一個階段的舒適圈——身為自由創作者的舒適圈——這只是一個狀態的切換。

我在找尋人生和工作的意義之後，開始了向內認識自己的旅程。我逐漸挖掘自己擅長又喜歡的事，透過「斜槓」的方式對職涯進行更多探索，試著做一些不是原

本舒適圈內的事情：撰寫讀書心得、架設部落格、錄製 Podcast 等。

在職場累積能力和底氣

在這個「過程」當中，我是一隻腳站在舒適圈內，一隻腳踏出舒適圈外嘗試。舒適圈內指的就是我的正職工作，尤其當我們回顧這本書前面的所有章節，就會發現一個共通的特徵：我所有對於斜槓的嘗試，其背後的能力、方法和策略，幾乎都來自我在公司工作時的學習。正因為在職場累積的經驗和條件，讓我可以開始嘗試新的事業。在職場奠定的基礎，是我日後嘗試打造夢幻工作最好的養分。

因此，在我們達成「以個人興趣為業」的目標，或者是找到另一個更好的轉職選項之前，不要貿然地放棄正職。特別是對於想要打造一個長期事業的人而言，許多商業模式創造出來的價值，不是當下立即可得的報酬，而是隨著時間的積累才逐漸浮現的成果。你可以問問自己，少了正職工作的薪水，會不會造成經濟壓力？因為若只求溫飽，會使人著重在各種獲利的手段，用時間和精力去換取金錢，而不是關注於創造長期的價值。

在我們的斜槓工作尚未獲取價值時，盡量透過正職讓自己維持基本生活所需、累積和建立人脈、精進工作技能、不用過度擔心錢的事情。一旦擁有這樣的基礎，才能讓我們保持自由嘗試、自由創作的心態，擁有追逐和打造夢想工作的底氣。

斜槓的起點不是斜線，而是問號

關於斜槓（／）這個符號，有一個常見的迷思。很多人以為斜槓是多采多姿的生活、五花八門的成就，像是「專家／作家／藝術家」，我們想要自己的頭銜看起來像這樣嗎？但是當我們愈急著在斜槓後面填上頭銜，反而愈難獲得長久的成功。

我認為，斜槓這個符號在一開始應該要是一個「問號」。它讓我們必須反問自己，我們究竟想要什麼？我們能創造什麼價值、解決什麼痛點？什麼事情會讓我們感到快樂？什麼事情能豐富我們的人生？每天醒來後，做什麼事情能讓我們充滿活力？

斜槓的起點是問號和動詞，斜槓的終點才是斜槓和名詞。「提問」和「行動」是我們最好的燃料。斜槓只是結果，問號則是過程。

TED 負責人克里斯・安德森（Chris Anderson）曾經提過一個類似的看法，他說不要太早追隨熱情，尤其對年輕人來說，「追隨熱情」或許是個糟糕的建議。因為當我們還不知道自己哪項能力最強，什麼才是自己所愛、什麼機會最適合自己的時候，倒不如先追求學習、紀律和成長——盡可能去了解自己好奇的事物，使勁地學習；在生活安排一些固定的活動，保持自律的步調；不滿足於既有的能力，抓住每一次成長的機會。他認為，短時間內在職場練功，或者支持別人的夢想也沒關係，有一天，熱情會來到我們的耳邊低語：「我準備好了。」

　　那些找到人生方向、擁有自己熱愛事業的人，並不是一開始就知道自己要做什麼，他們都是在有了足夠的經驗和能力之後，再加上適當的機遇，才找到自己真正熱愛的事業。

　　斜槓並不是三分鐘熱度，反而是最需要耐心的一項事業。成功打造夢幻工作就像釀酒一樣，需要時間，但是每個人的時間不同，有些人是啤酒，有些人是葡萄酒，有些人是高粱酒。如果我們沒有足夠的耐心，急著提早打開罈子，最後只會得到一罈醋。

　　訣竅在於，**我們要知道自己在釀的是什麼酒**。年少

有為不是常態，大器晚成才是。認識自己、保持專注、持之以恆、繼續精進，才是最終釀出好酒的關鍵。雖然打從一開始，「成為創作者」對我來說是一件不舒適的嘗試，但隨著我明白自己嘗試的原因、享受嘗試的過程、確認了嘗試的結果符合自己想要的，這件事情最終才成為了我的新舒適圈。

在職斜槓或在職創業，就是讓自己的技能和時間充分發酵的最好方式。

跳脫思想舒適圈是為了得到洞見

還有一種不容易踏出去的舒適圈，那就是我們腦中「思想的舒適圈」。我們習慣支持和肯定自己的想法，不喜歡聽到反對的意見，更討厭聽到質疑自己想法的聲音。一旦我們在自己思想的舒適圈待久了，反而會導致思考偏誤和一廂情願。

而我在「離職的決定是否要和家人商量」的事情上面，學到了寶貴的一課。關於是否要與家人商量，我身邊的朋友有兩派說法。

其中一派的說法是，不需要和家人商量，想提離職

就提，長大了應該自己做主。提完之後再安撫家人就好了，反正木已成舟，還能避免不必要的紛紛擾擾。

另一派的說法是先和家人商量，讓他們有一個心理準備，也可以讓他們把擔憂先提出來，討論清楚未來的規劃，大家都商量好之後再做出謹慎的決定。

當時的我面臨兩難，因為兩種做法都有道理，也各有優缺點。我本來是傾向不先跟家人商量，事後再告訴家人，這個選項會讓我短期內非常輕鬆，只要自己決定好就好了。但我預期這會造成家人的強烈不滿，而且對我會有很多的怨懟。先斬後奏的方法，恐怕會讓彼此的信任產生裂痕，我得承擔無法被諒解的風險，而且我從這件事情上，也學不到任何東西。

我接著想，那如果要先和家人商量，該怎麼辦呢？我必須準備好充分的計畫、說帖和退路，讓家人可以聽得懂我想做的事情、想離職的原因，以及我如何確保自己可以過得好好的。我預期這個選項會很辛苦，必定會遭受想法保守的父親強烈反對，而且我沒有十足把握能夠說服他。

商量這條路，必定很辛苦、很不舒服，但是家人會感受到我願意溝通的誠意，而且我從這件事一定會學到

一些新東西，或者得到一些新的刺激。我光是想像自己即將進行「這輩子最困難的溝通」，就感到興奮不已。

當我鼓起勇氣，第一次向家裡提出離職的想法時，果然遭受到強烈的反彈和質疑。

「好好的工作不做，要去當網紅？」

「現在沒有人在看書了，你知道嗎？」……更難聽的我就不寫了。

此後，我和家人通電話時，尤其是我爸，經常講沒兩句就開始說出情緒性的話語。在經過兩、三個月，彼此都沉澱了之後，我爸用 Line 傳了一段長篇訊息給我，裡面列出了「十道難題」，要我一一回覆。我讀到訊息的當下，情緒是憤怒的，因為這些問題都很直接，是毫不留情的直球；但我的理智是感動的，我知道我爸電腦打字和手機打字都很慢，要列出這些問題一定花費了他很多時間。

我知道他想認真跟我討論，因此我也認真地一一撰寫這十道難題的回答。

問題一：當初內部轉職做這份新工作「台積電南科建廠」的理由跟期望是否還在？

理由是原本的工作變得舒適，自己想嘗試新東西，

學習一個半導體工廠如何運作。

我期望兩年工作上手後，就轉換跑道，無論是公司內部轉職，或者離職轉業，都可以是選項。

問題二：想從轉業之後的工作裡獲得什麼？

自己能掌握工作時間的自由。自己能掌握工作目標的自由，享受幫助別人的快樂，成為對別人有幫助的人。

發揮影響力，影響數千、數萬人，帶給別人啟發、改變別人生命的快樂，遠高於自己能夠賺多少錢。而不是整天開會、寄 Email、被老闆唸、唸下屬的固定生活。

問題三：轉業後有沒有更好的發展機會？

以金錢來說，公司每年加薪幅度不到百分之十，天花板有限。如果考量升遷，雖然會有百萬等級的差別，但是要付出的心力和面對的壓力，是更巨大的。

以能力來說，轉業在起步時一定是艱難的，但未來的成長潛力是無限的。即使在公司做到更高的位置，面對的是更多的會議、做更多的決策、處理更多人事溝通的事情。但我希望自己下一階段的人生，可以培養不一樣的能力，試著發展更多元、更輕鬆的獲利方式。

問題四：想離職轉業的原因是什麼？

　　我想證明這件事：「每個人都有能力決定自己的人生要怎麼過」。但最諷刺的是，我的年薪這麼高，反而失去了這種勇氣，反而更難放手一搏。有趣吧？而我有太多的想法想要發揮，太多的事情想要執行，現在的工作雖然很舒適，但我不是一個喜歡安於舒適的人。我認為踏出舒適圈持續嘗試，才是更有趣的生活方式。

問題五：新舊工作的工作內容可否銜接？

　　我在原本工作累積的經驗、技能和能力，可以帶到我的新工作，也具有說服力。我也在新工作上，沿用了很多以前工作的經驗。

問題六：離職轉業換工作能解決現在的問題嗎？

　　我想請您想像一下這兩種人生。

　　第一種：我在台積電繼續做，做得仍然不錯，升官發財，結婚買房，舒適過下半輩子。這種標準人生，我「已經」想像完了，也完全可以體會那種舒適感，我為什麼要選擇「再」過一次這樣的人生？

第二種：離開台積電，朝未知的機會全力拚搏，我只知道半年後大概可以做到什麼程度，但我不知道一年後、兩年後，我可以發展成什麼樣的角色，達成什麼樣的成就。五年後，我能發揮的影響力有多少？十年後我改變了多少人的生命？一切都是令人畏懼，卻又萬分期待的冒險。

「人生，就像只能體驗一次的電影。」上面這兩部電影，您會選哪一部？（老爸回我說他選第一部，不意外……）

問題七：離職轉業收入不如預期可以活多久？

以我現有的資產，依據投資理論的保守估計，如果離職最差的情況是完全沒有新的收入，那以我一年花費大約五十萬台幣來計算的話，可以用一輩子。

問題八：離職轉業是不是好時機？

沒有人知道什麼時機叫做好時機。創業最好的時機是「十年前」，第二好的時機是「現在」。或許，我會錯過台積電飛黃騰達的下一個十年，錯過爽領薪水的人生；或許，我的新事業不成功，回頭選擇薪水比較低的工作；

也或許，我創造了屬於自己的工作，然後活得更精采。

問題九：離職轉業不如預期時想再回科技業，時機、年齡可有考慮？

如果轉業之後的結果不如預期，大約會是兩年之內的事情，到時候自己 36 歲了，仍然可以藉著台積電副理的經歷和專業技能，到任何一家科技業求職。

問題十：成為自由工作者前的省思及優缺點？

省思：簡直是瘋了，為什麼要放棄年薪 300 萬？回想一下我上面說的第一種舒適、可預期的人生。我們都有選擇權，在只有一次的生命中，您想體驗哪一種？

優點：擁有自我滿足感、自我實現感，做著自己創造出來的工作，讓自己的這份事業成長茁壯，達成除了「錢」以外的目標。如果事業成功，「錢」只是隨之而來的東西，從來不是我賣力奮鬥的重點。就我知道，往往是這種人，才真正會賺大錢。但是也往往是這種人，覺得錢乃身外之物，反而更容易獲得自我成就感與財務上的富足。

缺點：即使無法賺大錢但也不至於餓死，缺點就是

沒有更多的錢，沒辦法過更好的物質生活，年邁後可能
會面臨其他風險，有可能失去金錢和面臨不穩定的生活。

跨出舒適圈不必義無反顧，也可以保留退路

　　我上面好像講得很豁達，但是其實我是很恐懼的，
也遲遲不敢真正跨出離職這步。但是爸爸的第七個問題
讓我認真思考備案，我可以主動跟公司談一個緩衝期，
保留某一段時間之內復職的條件，當做一條安全的退
路。當我跟主管提出這個想法時，竟然馬上就被接受
了。如果沒有我爸的提問，我的死腦筋壓根就沒有想到
這條路。

　　跟爸爸第一次、第二次、第三次地往返訊息，我逐
漸釐清他的疑問，也試著解釋我的說書事業是怎麼一回
事。他拋出的諸多問題，讓我獲得新的洞見，像是更全
面地規劃我的財務、更好提出離職的時間點、需要提前
做更完備的準備。

　　儘管我們有著不同的價值觀，但是我讓他理解了我
的價值觀，我也同時理解了他的。在一次又一次的衝突
和溝通當中，我們彷彿比以前任何時候都更靠近彼此。

我不會讚揚他給出的建議，但我卻對這些建議永遠感激。他向我提出一堆毫不留情面的「反面想法」，對我的如意算盤產生了巨大的震動，卻反而幫助我成為一個內心更強壯、思考更周詳的自己。

　　他將我推出思想的舒適圈，拋出一堆令我不舒服、起初不願面對，最終卻還是得認真思考的難題。他以一種出乎意料的方式，完整了我夢幻工作的最後旅程。

關鍵心法

1. 踏出舒適圈的訣竅是，一隻腳踏在原本的舒適圈裡，借助原本舒適圈的優勢，再把另一隻腳踏進不舒適的環境，學習建立新的優勢。
2. 記得你是為了下一個「更舒適的可能性」，選擇接受磨練。每抵達一個舒適圈，就朝向下一個更舒適的可能性繼續前進。
3. 仔細觀察你身邊那些常提出跟你相反意見、真正關心你的人，他們會幫你跨出「思想的舒適圈」，找出自己不曾發現的洞見。

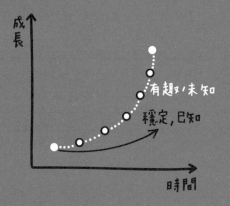

做出抉擇的
思考方式

果敢行動只會片刻失足，不敢行動則會失去自我。

——存在主義哲學之父　齊克果（Søren Aabye Kierkegaard）

• • • • •

邁入職場的第八年，我從新竹開發團隊轉職到台南新建工廠，平日跟在竹科工作的女友分隔兩地。我會在週一凌晨四點半從新竹開車前往台南，週五晚上或週六早上再開車回新竹，兩年半來累積了九萬多公里的里程。

有一次前往台南的路上，我看到高速公路上有一輛特斯拉（Tesla）直挺挺地插進一台翻倒在路中央的貨車。後來我看新聞才知道，那輛特斯拉是因為自動駕駛的關係，在完全沒有減速的情況下，撞進了已經翻倒的貨車。而事發之後沒過多久，我從旁邊開車經過，那個畫面至今仍餘悸猶存。

當時我心裡面瞬間閃過一個想法：「如果我明天就死了，我算是活了一個不虛此行的人生嗎？」在那個時候，離職創業的念頭再次強烈地湧上我的心頭。

2021 年初，我開始安排離職計畫，也跟家人和伴侶做了溝通，但是我一直無法跟上級啟齒。直到四月的清明連假第一天，太魯閣列車發生了四十年來最嚴重的出軌意外，奪走了五十條生命。原本我跟女友訂了那班火車要去花蓮玩，因為臨時取消，我們跟這起意外驚險地擦身而過。當天看到新聞，女友哭了。我反而因為太過震撼，當下有點麻痺，直到傍晚，我才感受到與死神擦身而過的恐懼，在骨子裡蔓延開來。

　　隔一週，我就向上級提了離職，我知道每一天都很珍貴，心頭想著，新聞給我最大的幫助，就是教會我人生的短暫和無常，以及自己有多麼幸運。我們可以每天健健康康地醒來，都是一件很幸運的事情，這絕對不是理所當然。對死亡的敬畏，驅動著我做出決定，也讓我明白有些事情不能拖延。

　　雖然回頭望去，這是一個很大膽的抉擇，可是將時間再往回倒帶，我在做出這個抉擇之前，已經思考和規劃了很久。而我所學到的一些思考方式，漸漸幫我形塑出自己的判斷，引導我選擇自己最嚮往的那條路。

　　接下來我想分享對我非常受用，三種做出抉擇的思考方式，願我們都能在適當的時機，做出明確的抉擇。

用「預設生存，而非預設死亡」來思考

當我們在思考人生重大抉擇的時候，像是離職、轉職、投資、創業、成家等，乍看之下都很像是一個無法回頭的冒險。我認為有一個觀念可以幫我們做出更好的判斷，那就是思考，我們所做出的選擇，會讓我們「預設生存」？還是「預設死亡」？

這個觀念是源自於矽谷新創教父保羅‧葛拉漢（Paul Graham）的見解。他跟很多新創公司交談時，經常會問一個有趣的問題，那就是在公司的支出固定、成長率不變的狀態下，他們可以仰賴剩下的資金，達到最終的獲利目標嗎？簡單來說，就是按照目前的情況運作下去，他們能夠繼續存活，還是會邁向死亡？

令人驚訝的是，很多新創公司的創始人往往不知道自己的狀況，甚至連剩下的資金可以支撐公司運作多久都不知道。他們心裡充滿了對未來的過度樂觀——如果可以募得下一輪資金就好了。如果募不到資金怎麼辦？如果營運不下去了怎麼辦？只好倒閉。這就是預設死亡。

不要把未來寄託在期望上

但是對於個人而言，我們得千萬避免讓自己走上「預設死亡」的道路。以離職創業的抉擇來說，可以試著用這項觀念來思考看看。

第一種人，在副業還沒有成形的時候，就擁有一個商業想法，然後一心想要離職創業。如果再加上缺乏財務規劃，還沒有穩定的被動收入或其他的金錢來源，就想要貿然離職創業的話，就很像上面提到的那種創業家，把自己的存活放在未來的樂觀期待上。這條路是預設死亡，因為他把自己存活的機會，完全交給不可控制的外部因素，就像創業家把希望寄託在募得下一輪資金一樣。

第二種人，是在正職的備援之下，多方嘗試各種商業點子，找到一個有商業價值的痛點之後，就全力規劃、執行、檢查、改善。針對一個已經有獲利的產品或服務，持續精進它的品質和內容，同時建立起品牌形象和受眾族群。他也會處理好自己的財務，透過累積的資產建立被動收入和購置保險。直到他發現自己的副業收益已經逐漸跟正職的收入貼近，他才考慮正式提出離職，做出轉換跑道的決定。倘若他離職了，他會把自己

的存活關鍵，放在持續精進原本就已經有商業市場的產品或服務上。這條路就是預設存活，儘管之後的發展速度不如人意，他也已經有一個穩定的收入來源、基本的商業規模，讓他可以持續地經營下去。

把未來寄託在可以控制的事上

如果我們想打造一個理想的工作型態，「在職斜槓」就是一條穩健的「預設生存」的道路。

想像一下，當自己在這條通往夢幻工作的「跑道」上面奔跑，我們可以控制的就是：跑步的姿勢（我們的職業）、呼吸的調節（工作和生活的比例）、步調的快慢（資產的多寡）、意外受傷時的保護措施（保險和遺產）。把這段旅程當成一場馬拉松，而不是短跑。要用準備馬拉松的心態來跑，做好職業技能與財務配置的規劃，讓自己樂在其中、堅持到底，專心改變那些我們能夠改變的事情。

夢幻的工作都不是一夕之間被找到的，而是存活得夠久才被逐步打造出來的。

因此，我們在做出抉擇時要預設生存，而非預設死亡，活得夠久的人才能笑到最後。不是急著找一個能賺錢的商機，而是找一個餓不死的獲利模式，然後在這個

模式之下持續採取行動。當我們保持敏銳的觀察力，透過行動、實驗且定期檢查去找出可行的方案，屬於我們的機會就會逐漸浮現出來。

預設死亡仰賴的是運氣，而預設生存仰賴的是自己。

祝福「平行時空」的自己

有許多的科幻電影和漫畫都提過「平行時空」的概念，特別是近幾年當紅的漫威超級英雄電影，更是將平行宇宙融入劇情，讓觀眾大呼過癮。平行時空的觀念，改變了我對人生的看法，幫我做出一些不容易的重大抉擇。而讓我對平行時空徹底改觀的一個契機，是我讀到《人生複本》（*Dark Matter*）這部膾炙人口的暢銷科幻小說時。

書中的主角傑森是一個很重視家庭和妻子的科學家。有一天晚上他跟老婆孩子簡短道別，想出去跟朋友喝酒聊天，他答應家人晚一點會帶冰淇淋回來。直到半夜，他再次回到家門，一切都變了。家裡沒有太太、沒有孩子，家具隔間全都不是他記得的樣子，甚至連他自己都不是自己……突然有一個歹徒現身要逮住他，他開始逃亡。

直到傑森跟歹徒對峙時，才發現對方口裡描述他的

根本是完全不同的傑森。對方口中的那個傑森，沒結婚、沒成家，完全孤立於世，人生只剩下工作，甚至還在研究上拿到傑森早已放棄的大獎。這到底怎麼回事？

原來主角遇到了來自平行時空的自己。

在後續劇情的開展中，他遇到了更多來自其他時空的自己，看到他們當初做出不同抉擇之後的模樣。他也到了其他時空看到許多其他的自己，在做他從沒想過的事情。

或許是因為書中的反派傑森，對於工作接近痴狂的態度跟以前的我很像，所以我完全沉浸在故事中，我彷彿感覺到，我跟不同平行時空的自己對話的樣子。

珍惜你的選擇，祝福其他時空的自己

這本小說對我的啟發，徹底改變了我之後做出抉擇的思考方式。像我在思考是否該離職的時候，就在腦中想像兩個不同平行時空的人生。

第一個平行時空是選擇「不離職」，繼續做著我本來就擅長、待遇又高、人人稱羨的半導體科技業工作。這條路很簡單，很平順，我已經完全可以想像到，自己在其他平行時空的一千種安逸生活，有些做得比較好，有些做得比較差。如果選擇繼續在公司，無論過的是哪一種樣子的

生活，我都不再對那個我抱有任何期待。就算有一千個不同的我選擇繼續任職，也是活出一千種大同小異的人生。

另一個平行時空是選擇「離職」，投入說書事業。這條路比較有挑戰性，充滿不確定性，但是我會感到更有樂趣，我能嘗試不同的生活型態，開啟更多的可能性。對於未來的自己，我雖然無法清楚描繪他會是什麼樣貌，也無法想像離職之後的人生會遇到多少驚喜，但正是因為這樣，反而令我充滿期待。

基於這樣的思考方式，無論我做出哪一種決定，在未來的每一個時間點，我都有無數種人生，正在不同的平行時空中生活著。

而我是有選擇的。我最關心的是，在這個時空的我，是否以最有活力、最勇於面對挑戰、最有意義的樣子活著。

我明白自己在短暫的人生旅程內，沒辦法做完所有事，所以就挑選那個最有趣、最想要看到自己雙手實現的那條路走就好了。而其他的路，在平行時空的「另外一個我」也正在走，他一定會盡力，也會獲得成功，我們只要祝福他就好了。如此一來，我們的內心就會有滿滿的祝福，也會珍惜自己在這個時空所做的選擇。

羨慕別人的人生，等於浪費自己的生命

平行時空的思考方式，可以避免我們落入「吃碗內看碗外」的陷阱，明明捧著自己的飯碗吃，卻老是肖想別人桌上的菜餚，覺得別人的都比較好。如同克利爾曾經分享的一個觀點：「許多的美好機會，都毀於對更好的幻想。」

如果從事別的工作或搬遷到別的城市，我們的職涯會更成功嗎？可能會，可能不會。但是，如果不對現在的工作給出承諾，不拿出全力，我們肯定會感到痛苦。

我們在前後不同的感情關係裡面，會知道哪段關係比較快樂嗎？也許會，也許不會。但是，如果擁有一段關係，卻同時想著外面有更好的選擇，我們肯定不會快樂。把時間花在嚮往未曾活過的人生，哪怕只是一分鐘，就等同失去一分鐘的時間，去創造自己的人生。

朝「避免後悔的方向」做決定

我在做出抉擇的時候，還會思考一個層面是關於「後悔」。沒有人想做出令自己後悔的決定，對吧？如果

我們不希望對自己做出的選擇感到後悔，可以試著借鏡老年人的經驗。畢竟從他們的人生閱歷當中，體會到的後悔肯定比年輕人來得深刻許多。

澳大利亞作家兼歌手布朗妮・威爾（Bronnie Ware）曾在安寧照護所擔任八年的護士。這段期間，她在部落格上記錄年老病人的故事，以及他們在人生最後一段日子裡最懊惱的遺憾。最多人感到遺憾的事情是：

1. 希望有勇氣過自己真正想要的生活。

2. 希望以前沒有那麼拚命的工作。

3. 希望有足夠的勇氣表達自己的感受。

4. 希望能夠和朋友們一直保持聯繫。

5. 希望已經讓自己成為快樂的人。

若我們明知臨死前「有可能」對這些事情感到後悔，那麼現在做出的決定，或許就能朝「避免後悔」的方向去思考。

我最喜歡應用的方法是亞馬遜（Amazon）創辦人傑夫・貝佐斯（Jeff Bezos）在《創造與漫想》（*Invent and Wander*）中提出的「遺憾最小化框架」。他的意思是說，只要我們去想，當自己活到了八十歲時，回頭看此時的自己，會不會因為沒去做某件事，或做了某件事而後悔

不已，藉此評估到底要不要執行。他用這個思考方式，做出人生的各種重大決策。

寧可試過，不要錯過

當我在考慮是否離職投入說書事業時，我試著去想，如果我現在不離職，等到過了五年、十年之後回頭看，可能有以下三種情況。

第一種，如果我看到另外一個人做了我原本想要做的事情，一定會後悔萬分，心中充滿一種「那個人應該是我」的遺憾。

第二種，如果之後還是沒有人做我原本想要做的事情，我也會感到懊悔。我一定會一直掛念著另一個平行時空「已經做出離職決定」的我，他的生活會不會充滿了挑戰和樂趣，會不會充滿了我意想不到的精采？

第三種，如果選擇離職，卻做得不夠成功該怎麼辦呢？沒什麼大不了的，因為失敗和困境都只是一時的，可是遺憾卻是會跟著一輩子的。在「預設生存，而非預設死亡」的前提之下，我有無限長的人生跑道，可以繼續嘗試和改進。

我認為避免「後悔」比避免「失敗」來得重要許

多。人生最大的後悔，都是那些我們沒有做過的事——沒有接受的工作、沒有說出口的愛、沒有去追逐的夢想。**我希望自己寧可在多年後說「我試過了」，而不要讓自己鬱悶地說「我錯過了」。**

試過，會學到東西；錯過，只會留下空虛。願我們做出的每個決定都是無悔的。

相信你能挺過失敗

每當我的內心上演離職與否的小劇場時，我就會試著從書中尋找慰藉。當時我在《人生給的答案》（*Tribe of Mentors*）書中讀到一段訪談，令我深受震撼。在好萊塢劇本圈深具影響力的富蘭克林・倫納德（Franklin Leonard）被問到一個問題，過去五年以來，讓他生活變得更好的信念是什麼？他的回答是：「我人生的前三十三年都在避免失敗，但最近我開始不怕失敗，反而擔心不敢冒險，因為我相信自己能挺過所有失敗。」即便失去了現在擁有這份工作的資源，他還是相信自己能找到別的工作。

這句話就像一道閃電直接擊穿我畏懼又徬徨的心。在之後的日子裡，我在心中一次又一次對自己複誦這句

話。當時我也正好三十三歲，在求學和職場的康莊大道上走得十分順利，我選擇師長和前輩口中勝率最高的路線，避免一切有失敗風險的選擇。但是這句話讓我不斷反覆思考，我如果因為害怕冒險，而繼續過著中庸的、卑微的、不曾犯錯的無聊人生，這有什麼意思？

反覆咀嚼這段話讓我逐漸理解到，以往培養的克服萬難和愈戰愈勇的精神，為的就是鍛鍊出能挺過任何失敗的韌性。我原本害怕的是「放棄」正職的選擇，但其實只是需要「轉換」職涯的勇氣。我終於明白，**無論我做出哪一種選擇，都沒有放棄過去的自己**，而是轉換一條跑道，忠於現在的自我罷了。

在這段過程中，壓力無疑是巨大的，苦惱必然是煎熬的。我不相信有所謂瀟灑地說出「管他的！」之後，從此展翅高飛的童話故事。任何缺乏縝密規劃的決定，大多是換來日後的懊悔和惋惜。人生才沒有這麼簡單。

但是當我們的抉擇是建立在「預設生存，而非預設死亡」的前提下，就可以透過「平行時空」的思考方式，朝比較有挑戰性和不確定性，以及自己最感興趣的方向，最後挑選出後悔程度最低的那個選項。

正是因為我終於調適好了心情，也設想好了長期可

行的商業模式和計畫，最後才能下定決心做出抉擇。做出抉擇的過程，背後的心境轉變是我始料未及的，可以用這句話來總結：「世界上最大的監獄，是人的大腦。走不出自己的觀念，到哪裡都是囚徒。」我走出了自己腦袋的牢房，擁抱了心中的價值觀，最後做出離職的決定。不求完美，只求無憾。

關鍵心法

1. 在「預設生存」的道路上進行嘗試和冒險，而不是在「預設死亡」的道路上進行豪賭。
2. 可以運用平行時空的思考方式，選擇令你最感興趣、最有活力的一條路，珍惜它，並且全力發揮。同時，也祝福做出其他選擇的自己，他們都會很好的。
3. 試著用「遺憾最小化」的方式做選擇，寧可在多年後說「我試過了」，而不要鬱悶地說「我錯過了」。

邁開腳步，
路就會展開

　　「我好喜歡這一次你安排的行程！」我女友轉頭燦爛地對我笑著說。

　　豔陽高照，湛藍的天空和輕拂的海風環繞，在我眼前是一片美麗的濱海灣，高聳的大樓天際線和綠意盎然的庭園景觀盡收眼底。知名地標魚尾獅（Merlion）雕像豎立在港灣旁，遊客絡繹不絕地拍照。我在 57 樓高的無邊際泳池裡環抱著她，身後有棕櫚樹和沙灘躺椅相伴。我們正在新加坡濱海灣金沙酒店（Marina Bay Sands）的頂樓，這家酒店的外觀是三座巨型飯店建築頂著一艘帆船造型的露天場地，造訪過此地的遊客無不驚嘆。

　　我壓抑不住內心湧上的喜悅，回給了她一個輕吻。這份喜悅不只源自於眼前的美景佳人，還來自於另一份同樣刻骨銘心的悸動：自己真的改變了。

當時是 2019 年 8 月，是我們過去交往四年以來，「第一個」由我全權安排的出國自由行。對於許多人來說，這或許不是什麼難得的事情，但對我而言，卻是我生活態度的一百八十度大轉變。

　　以前，我覺得旅行要去哪裡都無所謂，反正只要時間到了搭飛機出國就好，到當地再走一步算一步。我從來不在意行程要去哪，反正我女友想去的地方她會自己規劃好，我只管陪著去就是了。一直無心經營和規劃人生，任由工作主導生活節奏的下場，導致女友差點離開我。自那之後，我才開始學習規劃和自主安排人生的大小事，而這一次的新加坡自由行，就是她感受到我明顯轉變的頭一遭。

　　在我後來主動規劃生活、經營部落格、錄製 Podcast 節目、決定離職創業的這一路上，我跟她的感情逐漸回溫，更甚以往。當我在撰寫這本書的時候，我充滿疑惑地問她：「妳覺得我寫這本書的內容，對讀者來說會不會太困難？如果讀者要持續努力這麼久才漸漸有成果，他們不會感到太辛苦而不敢嘗試嗎？」

　　「你也不是一步登天。而是你願意下定決心改變，才漸漸地改變了你後來人生的樣貌。」她接著告訴我：「從

你決定自主規劃人生、規劃商業模式、開始採取行動、確實執行計畫的『那一刻起』，你整個人就已經改變了。」

我這才徹底明白，改變我人生的絕對不是後來的成果，而是每一刻認真投入的點點滴滴。

第一次搞懂訂房和訂行程 App 如何使用、第一次寫下年度和長期計畫、第一次描繪商業模式圖、第一次檢討執行進度和成果、第一次撰寫部落格文章、第一次錄製說書節目、第一次舉辦讀書會……好多個第一次。然後，接著的是好多個第二次、第三次……。

改變，發生在生命的某一刻。改變，也發生在後來的每一刻。

這本書與你分享的，就是我改變思想的歷程，是我改變行動方式的紀錄，是我改變人生和工作意義的經驗指南。最後，我們再簡短回顧這本書的重點。

活在當下，活出自己

在「畫出專屬你的人生地圖」這部當中，我提到認識自己的最主要目標，就是讓我們的「人生目標」和「職涯抱負」更協調且一致。當我們找出基於我們的核心

興趣、共通特質、真心喜歡、又擅長去做的事，就會活出自己的特色。我們必須主動站出來定義自己的人生，否則別人會用很不精確的定義幫我們代勞。當我們懂得主動挖掘自己的幸運並主動分享出去，我們就能夠照亮更多人的生命。

生命既漫長又短暫，我們既是滄海一粟，也是耀眼流星。我們無法決定生命的長度，但我們可以決定生命的寬度。

英國詩人菲利普・貝利（Philip Bailey）曾經說過：「人生的意義不是活了多久，而是做了什麼；不是還有幾口氣，而是擁有多少智慧；不是倒數生命的盡頭，而是用心感受生活。我們應該用一顆心扎實地跳了幾下，來計算時間。真正活出生命的人，是最用心思考、認真感受、言行問心無愧的人。」靜下心，感受呼吸、感受脈動、感受不完美的平凡生活。**最幸福的時刻不是活得比別人更好，而是活得像自己。**

擺脫我們給自己的限制

在「先想像終點，才能規劃路徑」這部當中，我提

到了在我們人生的最後被蓋棺論定時，希望別人會怎麼評論自己。我們可以描繪出自己未來的樣貌，試著用「十年願景」和「兩年封面故事」擬定前進的方向，並開始向前挺進。我們還可以透過商業模式圖，規劃自己想發揮的價值、善用自己的優勢領域，打造一個能創造人生財富的獲利模式。我們也會盤點心目中的角色楷模，擬定圍繞著「北極星」指標的微型目標，確實執行、經常檢視。一旦我們走在前往目標的方向上，我們會逐漸擺脫舊的限制，成為一個截然不同的、更好的自己。

在讀《刻意練習》之前，我認為很多事情只能夠仰賴天賦。在讀《子彈思考整理術》（*The Bullet Journal Method*）之前，我不會去規劃自己的人生。在讀《與成功有約》之前，我不懂高效能的領導者怎麼想。

一直以來，那些由別人告訴我們「不可以」、「你不會」、「你不行」的侷限信念，正在束縛我們的潛力。這些年來廣泛閱讀的經驗告訴我，原來解開自己大腦枷鎖的萬能金鑰，就是持之以恆地朝向目標前進，並且持續實踐、檢視、改善。如同心理學家韋恩‧戴爾（Wayne Dyer）曾說過：「有個彌天大謊：我們是有侷限的。其實，我們受到的限制，只有我們相信的那些限制。」

透過盤點自己與目標的距離與路徑，向前勇敢邁進，擺脫我們給自己的限制。

享受沿途的愉悅更容易成功

在「保持動力的三種方法」這部當中，我首先提到「自主」的重要性，我們要懂得運用一套追蹤過去、釐清現在、設計未來的系統，幫助自己掌握人生主導權。接著是「學習」，我們要相信自己能學會任何的技能。不要擔憂自己會的東西太少，而是優先掌握「如何學習」的技巧，之後的人生才會走得事半功倍。最後是「關係」，我們可以想像做某件事的 Big Picture，見樹之前要先見林，當我們心中有「林」，就能激發強大的動力，助我們克服萬難、持續前進。

「成功」就像是攀爬到了某一個特定的位置，在登頂的時候令人感到一瞬間的快樂和滿足。成功是歷經千辛萬苦之後的大型狂歡。

「幸福」並不一定要攀爬到某個特定的位置，而是在攀爬的過程當中，你如何度過這段時光。幸福是每一天都能體驗的微小愉悅。

我們的一生當中，有數不盡的山等著我們去爬，但我們不一定要把快樂都捆綁在山頂之上。掌握自主、學習和關聯的三個心理需求，有助於我們維持動力，建立更強韌的心智，在這條路上持續挺進。有趣的是，那些懂得把微小愉悅分散在沿途路上的人，反而更容易登上山頂。

不要期待「沒有問題」。一個沒有任何問題的人生，能力是停滯的，視野是僵固的，表面上看似順利，但實質上卻在原地踏步。

總是期待遇到「好問題」。一個持續精進的人，會對一成不變的事物提出好問題，找出改變的機會。在他們眼中的任何困難和挑戰，都只是待解決的好問題。進步，來自於持續解決一路上碰到的各種困難。

不要期待「沒有問題」的人生，而是期待充滿「好問題」的旅程。

快樂不在坦途，而在永不屈服

在「啟程後的循環式優化」這部當中，我提到「完成」比「完美」重要，與其追求完美，不如追求實用

性。我也提到了行動的節奏在於有效的短程衝刺，再搭配後期穩定輸出好成果的馬拉松配速。在啟程之後，我們會遭遇很多的不如意、失敗與挫折，在這當中透過PDCA的優化策略，持續檢查、實驗、改善、放棄和拒絕。我們不能期待一帆風順的進展，而是要有一套方法來妥善面對與處理。

回想我自己經營部落格的旅程，我遇過網頁異常當機，忙了一整個通宵才終於修好（後來換主機了）。也遇過讀完一本書卻靈感枯竭，在最後一刻才文思泉湧的時刻（時常）。偶爾還會遇到一篇文章寫了兩個禮拜，前前後後改了又改，最後才得以問世（很多篇都是這樣）。

但是真正的「快樂」，是學會更換主機的寶貴經驗、是總算文思泉湧的喜悅、是按下發表之後的如釋重負。

一個人該感到開心的時刻，並不是當前方道路海闊天空和毫無困難的時候。而是當我們終於意識到，無論前方的路途有多麼艱辛，我們都不會屈服和退縮。快樂不是一路順遂的安逸，而是克服困難之後的獎賞。

我們常以為人生是一場「線性」旅程，是一段從「年輕春意盎然」邁向「老年晚冬遲暮」的旅程。我們以為一旦體驗了青春的精采，就逃不過晚年的凋零。而這

是一場誤會。

　　人生是一場在樹林探索的「循環」旅程，我們會看到很多次的茂盛花開，也會見證很多次的樹葉凋落。盡情享受那些充滿活力的茂盛時光，但也別害怕短暫的凋零和落寞。因為假以時日，我們會得到新的滋養，重新成長和綻放。

　　有些人的一生，活得愈來愈像個冬天；有些人的一生，卻活出了好幾個春夏秋冬。我們期待遇到的，是啟程之後的無數個春夏秋冬。

勇氣不是與生俱來的

　　在「遇到叉路的選擇與勇氣」這部當中，我談到踏出舒適圈不要為了「刻意讓自己不舒服」而強迫自己踏出去。而是記得要為了下一個「更舒適的可能性」而選擇接受不舒適的磨練。我們可以選擇在「預設生存」的道路上進行嘗試和冒險，而不是在「預設死亡」的道路上進行豪賭。無論要做出任何抉擇，都要祝福選擇了另一條選項的自己，珍惜且努力活出最精采的樣貌。寧可在多年後說「我試過了」，而不要鬱悶地說「我錯過

了」。

關於做出抉擇，我們常以為有些人天生就很有勇氣。但是，勇氣並不是與生俱來或既有的東西，勇氣是獲得的、是爭取來的。

第一次公開貼文很難，你試了，沒有想像中的酸民留言。第一次上台報告很難，你試了，沒有想像中的嘲笑挖苦。第一次開口拒絕很難，你試了，沒有想像中的死纏爛打。當你邁出第一步，發現想像中的艱難，其實沒有那麼難。

勇氣並不是一個人在艱難開始之初就擁有的東西，勇氣是一個人在經歷艱難、但發現它們並不是那麼艱難之後，所獲得的東西。嘗試愈多，勇氣愈多。**勇氣是後天養成的**。

對於勇於創造自我的人而言，這條路或許艱難，或許罕無人跡。但懂得培養獨立思考、發覺內在動力、掌握個人發展策略，才能在這個高度從眾的世代，走出屬於自己的路。

每個人都有自己要橫跨的沙漠，每個人都有自己要面對的課題。每個人都有十足的自主權，可以決定自己人生的方向，走出自己人生的路。

借用電影「刺激1995」的經典台詞：「有些鳥兒是永遠關不住的，因為牠們的每一片羽翼上都沾滿了自由的光輝。總有些人，他們一輩子注定要活到極限，一輩子都想觸碰自己能力的邊界。」千萬不要因為眼前沒有天空，就忘了自己是一隻鳥。

後記

　　我喜歡在每一篇讀書心得的最後寫上「後記」，用來歸納和總結我對一本書的完整看法。而我卻在撰寫這本書的後記時十分猶豫，因為「打造自己的夢幻工作」對我而言是一個太重要的主題，是一個我想用這一輩子持續發展、體驗和傳播的主題。

　　如果這個主題真的這麼重要，重要到值得我寫出一整本書，那麼我不希望它結束。我認為這個主題不該結束才對。

　　就像是本書第一張圖（26 至 27 頁）「瓦基的成長飛輪」想傳達的意思，這 14 個行動步驟是一個持續前進的循環過程，只要我們還能呼吸的一天，它就不會停止。在人生的每個階段，無論是轉職、離職或創業，我仍然每一年重新省思一次自己未來理想的樣貌，調整自己的長期計畫，取捨每一個微型目標，然後繼續行動、採取實驗、決定放棄或做出改善。

雖然我透過這本書整理出一套具有理論基礎、執行步驟，以及我個人真實經驗的方法，我仍然不會稱它是所謂的「最佳實踐」。這本書真正展現的，是以我的能力所及，融合實戰經驗，最毫無保留的人生實踐。

　　我們不需要炫目的方法，而是親自去嘗試。

　　我們不需要繞路的捷徑，而是扎實地練習。

　　我們不需要過人的勇氣，而是接受不完美的自己。

　　這只是一個「平凡人的不平凡故事」。也只是一個平凡人想成就不平凡之事的做事方式。

　　我不想強迫自己在這邊劃下句點，我也不希望你讀到這邊就此打住。我想透過這本書的分享，給予你一些激發思考的觀點和行動的方法，幫助你勇於邁出自己的那一步，站上屬於自己的起跑線。

致謝

我以前曾經有過這種想法:「我的人生是一本符合普世價值的標準手冊,生命將我的書衣裝訂得十分精美,可是內容卻是乏善可陳。」這樣的書,我才不想要讀。我想活的,也不是這樣的人生。

首位獲得諾貝爾文學獎的非裔女性作家托妮‧莫里森(Toni Morrison)曾經說過:「如果有一本書你想讀,卻還沒有人寫過,你必須把它寫出來。」而《只工作、不上班的自主人生》就是一本這樣的書,是我自己想讀的書,也是我想活出的人生。

沒有人寫過,那就自己寫出來。

但是寫書的這一路上十分艱辛。寫一本書不像寫部落格文章,難度比我想像的還要高出很多、很多。過程中我時常跟家人發牢騷,說我遇到的瓶頸和困惑,感覺都可以寫成另一本書了。由於我讀的歐美翻譯書比較多,覺得寫書就是內容要夠「硬」,因此第一份草稿有濃

厚學術寫作的味道，反而顯得有點過於生硬。寫著寫著，我有點像在寫碩士論文的感覺，對自己賦予了過大的壓力，文字的呈現也不夠流暢。隨著編輯和親友給我的回饋，我才逐漸領悟到，這本書對讀者最有價值的不是對學術或理論的闡釋，而是我的思考方式和實踐經驗。我開始寫出大量的自身故事，說明我如何把抽象的知識與理論，轉化成實際可用的策略和做法。

首先我想感謝天下文化出版團隊，特別是我的編輯筱涵。如果沒有她的精雕細琢，這本書絕對不會以這種流暢好讀的樣貌問世。也因為有她的從旁協助，讓我得以發現寫書時的盲點和不足。每次我們來回編修之後，定稿和原始書稿之間的流暢度簡直是天壤之別，每每讓我發出讚嘆。我還想感謝副總編輯安妮，她總是能從讀者的視角出發，一針見血地問出文字背後的核心問題，也引導我寫出原本自己埋藏在記憶深處，但能帶給讀者洞見的個人故事。

接著我想感謝曾經給予本書回饋的親友們。謝謝我妹筑涵，給予我全力支持，也提供我更年輕的觀點來微調文字方向。謝謝堂弟莊懌，提點了一個關鍵的故事環節，這本書結語的靈感得歸功於他。謝謝文字小編幸

如，在讀完了第一版書稿之後給我的回饋，就像是一劑強心針讓我鼓足勇氣繼續修稿。

我想感謝生鮮時書的創辦人鮪魚，從一開始還沒人注意到我時，他就慧眼獨具邀請我合作線上課程，讓我的技能和影響力能幫助到更多的人。他常笑說自己是最會幫助夥伴離職創業的人，這點我表示十分同意。我還想感謝生鮮時書的鈞荻，因為有她對課程的細心協助，以及牽線與 PressPlay 的合作，讓我的說書事業發展有了更扎實的底氣。我也想感謝簡報・簡單報的創辦人劉奕西，他對於成為自由工作者的文字分享，帶給我許多心態和觀念上的重塑。我也要感謝《人生路引》作者楊斯棓醫師分享過的寫書三元素：要有中心價值、要打開人的心結、要鼓勵人們人生有希望，這三條指引是我寫書的重要依歸。我也想感謝台大 TMBA 共同創辦人愛瑞克在一場精采演講中提到利己與利他的比例配置，讓我思考人生下半場的時候有了值得參考的方向。

我想感謝前公司台積電的夥伴，尤其是我在開發團隊的前主管峻榮和旭水。他們猶如我的再造恩人，兩人在職場上給予我的信任和啟發，是激發我正面態度和養成專業技能的源頭。我還想感謝我在工廠團隊的前主管

辭寒和世芳，如果不是他們的提攜和關照，我這隻誤入叢林的小白兔將無法發揮最好的貢獻。感謝曾經給予指點的主管和被我領導過的下屬，書中有太多的職場經驗和創業過程的完美融合，都跟你們曾經提供的幫助有關。

我想感謝我的父親順松，提供我無後顧之憂的成長之路，幫我建立起穩健和不畏艱難的心態。書中提到一段我與他之間艱難的離職溝通，是我畢生學到最多事情的一堂溝通課，對此我永懷感激。我想感謝我的母親惠敏，自小就採取開明和樂觀的培育方式，她灌輸給我助人為樂、眾人一同變好的價值觀，更是塑造了我人生方向的最重要元素。

我想感謝我的女友雨軒，若不是因為她的適切提醒，我仍然會沉浸在追逐外在名利的茫然之路。我最喜歡她總是對我的決定提出相反和質疑的意見，讓我先擁有不同的觀點和考量，然後透過深刻的討論之後才做出更明智的決定。感謝她給予這本書的全力支持，我一直到寫完整本書之後才發現，這是我寫過最長的一封情書。

推薦書目

　　我很喜歡的一句俗諺:「我們的篤定和平靜,來自我們讀過的書和走過的路。」雖然我無法親自帶每一個人踏上這條路,但我想加碼分享那些我讀過的書,讓讀到這裡的你,還能夠循著麵包屑前進,走出一條屬於自己的康莊大道。

Part1 畫出專屬你的人生地圖——從自己出發

- 《一個人的獲利模式》(*Business Model You*):這本書的步驟,簡單且容易執行,讓我們有一個最基本的起步。
- 《做自己的生命設計師》(*Designing Your Life*):教我們從一個設計師的視角去設計我們的人生,這個思維強調的是相信一個人的「可塑性」,我們具有無限可能。
- 《活出意義來》(*Man's Search for Meaning*):閱讀這本

經典著作時，不需要強求當下就有什麼深刻體悟，可以透過作者的親身故事，漸漸體會那種惡劣環境與人性的拔河。

- 《黑馬思維》（*Dark Horse*）和《大器可以晚成》（*Late Bloomers*）：這兩本我推薦一起讀，讓我們先看懂社會講求「標準化」的原因，然後更重視自己「個體化」的追尋。從學生時期到職場生活，其實我一直覺得自己落後別人，長不夠高、不夠成熟、童心未泯。這兩本書讓我重拾對自己的信心，每個人都走在自己的時區，我們不需要處處與別人比較，而是主動且勇敢地決定自己的人生步調。

Part2 先想像終點，才能規劃路徑──制定目標

- 《無限賽局》（*The Infinite Game*）：這本書可以幫助我們擺脫傳統的有限勝敗觀念，轉而將人生的首要目標設定成不停地玩下去，讓賽局持續下去。如果仔細觀察，你會發現跟本書提到的「預設生存」觀念，有很多相似之處。
- 《長勝心態》（*The Long Win*）：讓我們學到從「現在」開始到很久以後的這段「漫長時間」，我們要每一

分、每一秒都活在當下、充滿活力地持續學習、建立連結和發揮影響力。擁有這種心態的人，難敗卻常勝。

- 《獲利世代》（*Business Model Generation*）：關於商業模式，我認為是非常值得一學，而且可以跟人生和職場做到緊密結合和應用的觀念。前文提到的《一個人的獲利模式》是屬於個人版的商業模式，我推薦搭配閱讀《獲利世代》，可以學到更多關於企業的商業模式，進而跟個人版本做出更深刻的聯想和套用。

- 《從 0 到 1》（*Zero to One*）：這本談創業成功學的經典之作，這本書可以一字一句緩慢地讀，認真去體會商業世界的奧祕。

- 《用你的不平等優勢創業》（*The Unfair Advantage*）：這本強調的是不平等本來就是常態，但是懂得運用自身不平等優勢的人才會搶得先機。決定我們成功與否的關鍵，是我們看待和運用自身優勢的方式，而非自身條件既成的事實。以上兩本書對於僵化思維的改造有著巨大的幫助。

- 《原子習慣》（*Atomic Habits*）：建立好習慣、戒除壞習慣聽起來是一件常識，但是「如何做到」就是這

本書派上用場的時候。這本書的觀念可以應用落實
到生命中的各種層面，為我們帶來巨大的影響。

- 《心流》（*Flow*）：講的是當我們全神貫注投入、沉浸
  在充滿創造力或樂趣的活動中時，體驗到渾然忘我
  的一種感受。而知道如何控制這種「內在體驗」的
  人將有能力決定自己的人生品質。當一個人進入心
  流體驗的時間愈多，就愈能提升自己本身的幸福
  感、加深對目標的堅持、擁有更積極的心態。

- 《子彈思考整理術》（*The Bullet Journal Method*）：這本
  書是很好的出發點。重點並不是哪一種筆記工具，
  而是我們必須體會「追蹤過去，釐清現在，設計未
  來」這套系統的重要性，並且落實到自己的生命當
  中。

- 《一小時的力量》（*Power Hour*）：雖然是以晨間習慣
  切入，但背後的重點是每天空出一小時的自主時
  間，長期下來將對人生造成深遠的正面影響。

Part3 保持動力的三種方法——內在動能

- 《刻意練習》（*Peak*）：這本書打破了我對於天賦認知
  的迷思，幫助我建立信心迎接任何學習過程中的挑

戰，引述書中我最喜歡的句子：「學習不再只是一個實踐某種遺傳命運的方式，而是按照自己的選擇掌控個人命運與打造潛能的方法。」

- 《學得更好》（*Learn Better*）：清楚說明了學習的各個環節，讓無論何種資質或程度的人，都有機會採取書中的方式，循序漸進掌握學習的奧妙。記得，學會如何學習，將是一個人一生當中最重要的能力之一。

- 《與成功有約》（*The 7 Habits of Highly Effective People*）：書中談到「以終為始」的思考方式，我透過這本書認真思考自己跟身邊親友、同事、上司、讀者之間的關係，從而發現自己最在乎的那些關係。

- 《先問，為什麼？》（*Start with Why*）：這本強調想清楚「為何而戰」的書，我們可以應用書中的「黃金圈」理論來思考人生中的很多事情，讓我們能夠先見林後見樹。

Part4 啟程後的循環式優化——回顧與檢討

- 《完成》（*Finish*）：讓我們能識破完美主義的謊言，接納真實的自己，設定謙虛可行的目標。

- 《破框能力》（*Act Like a Leader, Think Like a Leader*）：我在前文提過「行動優先，熱情會隨後產生」，這本書強調採取行動的重要性，只有當我們真的在行動的當下，我們的大腦思維才會產生具體的變化，進而產生更深刻的改變。

- 《少，但是更好》（*Essentialism*）：透過作者的視角，深刻了解我們需要追求的不是「完成更多」，而是「有紀律地追求更少」。擁抱少即是多的觀念，生活反而會變得更好。

Part5 遇到叉路的選擇與勇氣──相信自己

- 《人生給的答案》（*Tribe of Mentors*）套書：關於踏出舒適圈，我很喜歡翻閱這兩本套書，從專業人士的建議當中，開啟我們關於格局、勇氣、心態的嶄新觀念。

- 《人生複本》（*Dark Matter*）和《呼吸》（*Exhalation*）：我也推薦這兩本科幻小說，透過沉浸於精采的故事，更深刻體會平行時空的觀念，以及人性的自由抉擇到底是怎麼一回事。

- 《窮查理的普通常識》（*Poor Charlie's Almanack*）：我

印象最深的就是「心智模式」的觀念，也就是大腦做出決定時所使用的工具箱；一個人工具箱裡有的工具愈多，就更有可能做出正確的決定。

- 《快樂實現自主富有》（*The Almanack of Naval Ravikant*）：這本是我很欣賞的矽谷天使投資人的語錄，這本書涵蓋了許多人生智慧，包含如何創造財富、如何思考、如何選擇、如何學會快樂。

最後，我想引用美國作家亨利・梭羅（Henry Thoreau）曾經說過的一句話：「真正能教給我東西的好書，不是讀完就算了。我必須把書放下，開始按照書的提點去生活。閱讀所起的頭，我必須用行動去為其劃下句點。」希望你將這份書單當成一個起點，用自己的實際行動去劃下句點。

國家圖書館出版品預行編目（CIP）資料

只工作、不上班的自主人生：人氣 podcast
製作人瓦基打造夢幻工作的 14 個行動計畫
／瓦基（莊勝翔）著 . -- 第一版 . -- 臺北市：
遠見天下文化出版股份有限公司，2022.11
344 面；14.8×21 公分 . -- （工作生活；
BWL094）
ISBN 978-986-525-981-5（平裝）

1.CST：職場成功法　2.CST：生涯規劃

494.35　　　　　　　　　　111018303

工作生活 BWL094

只工作、不上班的自主人生
人氣 podcast 製作人瓦基打造夢幻工作的 14 個行動計畫

作者 ── 瓦基（莊勝翔）

總編輯 ── 吳佩穎
副總編輯 ── 黃安妮
責任編輯 ── 黃筱涵
校對 ── 魏秋綢
封面與內頁設計 ── 張巖（Chang Yen）
插畫 ── 陳裕仁（Marco Chen）

出版者 ── 遠見天下文化出版股份有限公司
創辦人 ── 高希均、王力行
遠見・天下文化 事業群榮譽董事長 ── 高希均
遠見・天下文化 事業群董事長 ── 王力行
天下文化社長 ── 林天來
國際事務開發部兼版權中心總監 ── 潘欣
法律顧問 ── 理律法律事務所陳長文律師
著作權顧問 ── 魏啟翔律師
社址 ── 台北市 104 松江路 93 巷 1 號
讀者服務專線 ──（02）2662-0012 | 傳真 ──（02）2662-0007；2662-0009
電子郵件信箱 ── cwpc@cwgv.com.tw
直接郵撥帳號 ── 1326703-6 號 遠見天下文化出版股份有限公司

製版廠 ── 中原造像股份有限公司
印刷廠 ── 中原造像股份有限公司
裝訂廠 ── 中原造像股份有限公司
登記證 ── 局版台業字第 2517 號
總經銷 ── 大和書報圖書股份有限公司 | 電話 ──(02)8990-2588
出版日期 ── 2022 年 11 月 30 日第一版第 1 次印行
　　　　　　2023 年 7 月 11 日第一版第 6 次印行

定價 ── NT 420 元
ISBN ──978-986-525-981-5
EISBN ──9789865259785（EPUB）；9789865259792（PDF）
書號 ── BWL094

天下文化官網 ── bookzone.cwgv.com.tw

天下文化
BELIEVE IN READING